# 昆虫记 3

# 妙不可言的甲虫王国

[法] 法布尔 著

少年儿童出版社

图书在版编目（CIP）数据

妙不可言的甲虫王国 /（法）法布尔著；朱幼文改写；兔子洞插画工作室提特·桃绘. —上海：少年儿童出版社，2019.5

（昆虫记 3）

ISBN 978-7-5589-0282-6

Ⅰ.①妙… Ⅱ.①法…②朱…③兔… Ⅲ.①鞘翅目—少儿读物 Ⅳ.①Q96-49

中国版本图书馆CIP数据核字（2017）第312117号

昆虫记 3
# 妙不可言的甲虫王国

[法]法布尔 著 朱幼文 改写 兔子洞插画工作室提特·桃 绘

全书由兔子洞插画工作室和风格八号品牌设计有限公司设计

插画整理 贺幼曦 颜学敏 许千珺 吴小奕

装帧设计 花景勇 王骏茵 吴颖辉 吴 帆

排版设计 李文婷 许晓海 颜佳敏 吴新霞

责任编辑 周 婷 知识审读 金杏宝

责任校对 黄亚承 技术编辑 许 辉

出版发行 少年儿童出版社

地址 200052 上海延安西路1538号

易文网 www.ewen.co 少儿网 www.jcph.com

电子邮件 postmaster@jcph.com

印刷 上海锦佳印刷有限公司

开本 787×1092 1/16 印张 9 字数 88千字

2019年5月第1版第1次印刷

ISBN 978-7-5589-0282-6/I·4238

定价 35.00元

# 身边的野趣，生命的奇迹

昆虫，不起眼的六足动物，大人孩子或不甚了解，却也并不陌生。

为植物传花授粉的蜜蜂，吐丝结茧的蚕蛾，多姿多彩的蝴蝶，给我们留下了甜蜜温暖的美好形象。带刺的毛虫，乱舞的苍蝇，是人们设法躲避的讨厌家伙。贪婪的飞蝗，传病的蚊子，则是人们竭力想要消灭的可恶对象。然而，不少人对昆虫的记忆多半是讨厌与害怕的，对昆虫往往采取藐视、忽视的态度。

事实是，即便将世界上所有可恶的害虫加在一起，也不会超过一万种，这对于种数超过百万、甚至千万的昆虫来说，只是不到1%的一小部分而已，而99%的昆虫对人类不仅无害，而且有益。它们或许不讨所有人的喜欢，却是适者生存的成功典范。虽然貌不惊人，却因虫多势众，在维持我们赖以生存的生态系统的运转中发挥了不可替代的作用。它们是不容忽视的生命。

昆虫种类多，数量大，食性杂——荤素生熟、酸甜苦辣，几乎没有昆虫不吃的东西。除了大海，它们可以存活在任何极端恶劣的环境之中，可谓是无处不在。

昆虫世代短，繁殖快，体态多变，可以抵御各种不利的气候，白昼黑夜，春夏秋冬，昆虫几乎无时不在。昆虫如此弱小，要在环境险恶、强敌林立的自然中生存实属不易，因此，能生存至今的昆虫，都有一套独特的生存策略与技能，在获取食物、筑巢卫家、资源利用、繁衍后代、防御天敌等方面，都展现出了令人叫绝的才能。无论是遗传的本能，还是后天获得的技能，都是可歌可泣的生命奇迹，是值得我们去探索、去了解的自然遗产，也是可供我们欣赏的自然野趣。

在物质生活日渐丰富、自然环境日渐恶化的今天，人们最为关注的莫过于如何为我们下一代的健康成长提供良好的生存环境。孩子的想象力和创造力得到合理的开发，社会的可持续发展才得以保障。无论生活在城市还是乡村的孩子，他们对工业产品的依赖，对电子产品的热衷，对自然的冷漠，对生命的不敬，已经产生了许多负面影响，如何有效治愈"自然缺失症"已成了当代教育面临的重要课题。这不仅是学校和博物馆等场所的责任，更是家长和每个家庭的义务。通过寻觅和发现城市中残存或复苏的自然，利用和享受身边的野趣，可以弥补现代孩子，乃至年轻家长与自然脱节的遗憾。

法国昆虫学家法布尔耗尽毕生精力撰写的十卷本《昆虫记》正是引领我们走进自然、欣赏野性之美的昆虫史诗。不胜枚举的昆虫生存之道与技能，经过作者独特的哲学思考与诗意表达，将科学观察与人生感悟融为一体，使渺小的昆虫散发出生命的智慧与人性的光芒。

经少年儿童出版社精选、改编的四卷本《昆虫记》，是为小学生加入了"自然"这道久违的配料，赋予城市中的孩子和家长全新的"心灵味觉"

体验，成为他们不可或缺的"特别营养餐"。选本基本保持了原著特有的写作风格，生动活泼，又不失情趣与诗意。同时，考虑到特定的读者群体，编者按一定的主题，对所选篇章作了大致的归类。从中，你将发现人类的一些废弃地，却是野趣横生的蜂类家族的伊甸园，大自然的清洁工——食粪虫，只是妙不可言的甲虫王国的一小部分，你将发现在我们的周围，昆虫邻居无处不在，膜翅类昆虫出奇的高智商实在令人惊叹，你还将了解到昆虫的近亲蜘蛛、蝎子类的生存技能与特有习性……

值得点赞的是，编者独具匠心，按四季的顺序，在每卷的"我们身边的昆虫世界"栏目中，列举了中国城乡常见的昆虫，为家长和孩子们提供了具有可操作性的观察与欣赏案例。

愿春天里会飞的"花朵"，为我们的日子增添色彩，愿夏日里的"萤火"驱散城市的雾霾，愿秋天的旋律给孩子们带来自然的滋养，愿再寒冷的冬天里也能发现蛰伏的生命，也能获取向上的力量。

昆虫学者：金杏宝

# 目　录

# 大自然的清洁工

    我曾经花了很长时间研究食粪虫。说实话，和这些小家伙在一起有许多开心的事。今天，我就向大家介绍一下这类昆虫。食粪虫种类不少，每种的数量也非常多，记得我曾经在一个粪堆下发现过成千上万只食粪虫，密密麻麻，简直令人惊叹。

    5月是食粪虫最忙碌的时节，到了炎热的七八月，田野中其他昆虫都在高温下停止了活动，只有食粪虫和蝉依然活力十足。

    食粪虫在我生活的地区很常见。它们的寿命比较长，其他昆虫都是一代接一代来享受美好的生活，而食粪虫却可以两代同堂，共同出现在发现美味的地方。别看食粪虫的食物是大家都嗤之以鼻的东西，但当你了解了它们对公共卫生做出的巨大贡献，就会由衷地说，食粪虫确实配得上这样的长寿！

    对于人类生活的地方来说，做好公共卫生非常重要。比如巴黎这个大城市，至今也没有很好地解决公共卫生问题，甚至有人预言：也许未来的某一天，繁华的城市会被垃圾腐烂的味道熏得不复存在。如何处理每天产生的大量垃圾，这个让很多人头疼的问题，竟然让食粪虫轻而易举地解决了，还不用花一点钱，真是难以置信。

当然，城市的垃圾处理有许多方法，但在乡村，大自然为这里配备了两类出色的清洁工：一类是苍蝇、负葬甲等昆虫，它们负责把尸体分解掉；另一类就是食粪虫，负责后期的掩埋工作。乡村没有城市里那种正规的卫生间，当一个农民想解决个人问题时，一段矮墙、一片草丛，就可以让他避开人群，顺利完成。当你看到这些可怕的排泄物，准会觉得十分恶心，拔腿就逃。但是别担心，到了第二天你再来看，那些难闻的东西已经被食粪虫打扫得干干净净，环境恢复了清洁。人类是不是

应该感谢这些勇敢无畏的小家伙？

其实，食粪虫对环境的净化，只是我们可见的一个方面，食粪虫另一个无形的重要作用，就是减少了病菌的滋生，避免了许多潜在的传染病危险。科学研究发现，人类中发生的大面积传染病都能在微生物中找到原因。这些病菌在传播过程中，会在动物的排泄物中进行繁殖，而当排泄物进入水源和空气，就会进一步污染更多的东西，给人类带来巨大的危害。要减少这些病菌的传播，就要及时把垃圾或排泄物从地面上清理掉，而食粪虫自告奋勇承担了这项重要任务。

虽然食粪虫做了这样的大好事，但令我难过的是，它们却常常被人嫌弃甚至讨厌，还背负了许多难听的名声，真是太不公平了。

我们这里常见的食粪虫有两种，它们是粪堆粪金龟和黑粪金龟。这两种粪金龟虽然职业不体面，却长得十分漂亮，粪堆

粪金龟的脸部下方像紫水晶般的闪亮，黑粪金龟身上则闪烁着黄铜般的耀眼光芒。

我想看看粪金龟的本事到底有多大，于是将这两种共12只粪金龟养在一起。傍晚时，一只骡子在我家门口拉了一堆粪便，我便把这一堆粪便都给了12只粪金龟。第二天早上，我发现骡粪不见了，它们全都被掩埋到了沙土下面。我大致算了一下，每只粪金龟估计往沙土里埋了将近1立方分米的粪便。

粪金龟储备了这么多食物，是不是接下来就会呆在家里，直到食物吃完才出来呢？完全不会。当黄昏来临，它们又来到了地面上，想继续寻找食物。我又把准备好的粪料给了它们，到了晚上，粪料照样被它们"消灭"完了。总之只要我有粪料给它们，它们就来者不拒，将粪料全部掩埋掉。我心里忍不住又要夸奖这些可爱的贪心鬼了。

其实食粪虫平日里储备的食物根本吃不光。它们只是特别满足于当小小掩埋工——它们把这个住所装满了，就再找个住所继续装。和掩埋的乐趣相比，吃饱肚子算什么？

能有这样一支为公共卫生积极服务的队伍，我们人类真是太幸运了。

食粪虫不但工作起来很有耐力，而且还特别有效率。农业实践证明，要想更好地利用粪便，就必须趁它新鲜时，赶紧把它埋起来。如果放得太久，受到了日晒雨淋，粪便的肥力就会大大下降。虽然没人告诉食粪虫这个道理，但它们似乎无师自通呢，在从事埋粪工作时，总是能第一时间赶到最新鲜的粪料旁边。对那些经过暴晒，已经发硬的干块儿，它们根本不愿意理睬。

粪金龟除了掩埋工作干得出色，我在饲养粪金龟时，还发现它们是精准的气象预报员！粪金龟喜欢安静而晴热的工作环境。如果黄昏时，你在野外看到很多粪金龟飞来飞去，那么明天准是个好天气。因为粪金龟家里从来不缺食物，如果第二天是下雨天，前一天傍晚它们肯定乖乖呆在洞里，它们才不为生计担心呢。

有几天傍晚，我看天气那么好，就凭经验猜测第二天肯定是晴天，可是粪金龟却和我意见相反，它们呆在家里不出来。结果真的是它们赢了——当天夜里开始下雨，直到第二天才停止。而有几个乌云密布的傍晚，我以为第二天要下雨，粪金龟却纷纷出动。到了第二天，果然阳光明媚，晴空万里。

我很不服气地就天气预报问题观察了三个月，最后得出结论：粪金龟简直就是出色的气象预报员！它们对大自然的感知如此细致，比物理学家的仪器还要厉害，我哪能跟它们相比呢？

# 圣甲虫和它的合伙人

对于所有把粪便当作美味蛋糕的食粪虫来说，能够遇到一个新鲜粪堆实在是最幸福的事。当它们在空气中捕捉到那迷人的气味时，便会争先恐后赶来，希望先下手为强。瞧，在体形各异的食粪虫中，有一些浑身黝黑、身材健壮的家伙格外引人注目，它们就是大名鼎鼎的圣甲虫。

圣甲虫正卖力地劳动着，它用大大的前腿，一个劲儿地拍打着刚刚成形的粪球，希望赶紧加工完成，好把它推到一个舒服又安全的地方，安心地享用美味。

不过，今天我想讲的不是圣甲虫如何做粪球，而是在推粪球回家的过程中，发生的有趣的事。我们一起来好好看看吧——

我们人类搬运东西有大小车辆，圣甲虫当然没有。不过别担心，既然粪球是圆的，圣甲虫自然知道可以推着它们回家。圣甲虫推粪球如同技艺高超的体操运动员在表演——它们在粪

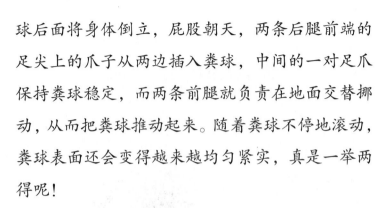

球后面将身体倒立，屁股朝天，两条后腿前端的足尖上的爪子从两边插入粪球，中间的一对足爪保持粪球稳定，而两条前腿就负责在地面交替挪动，从而把粪球推动起来。随着粪球不停地滚动，粪球表面还会变得越来越均匀紧实，真是一举两得呢！

为了获得更多的食物，圣甲虫总是把粪球尽量做得大一些，再大一些，所以推粪球真不是一件轻松的事情。但是，圣甲虫是很有毅力的昆虫，它们不怕苦不怕累，默默地推啊，推啊，加油！加油！毫不退缩！

在平地上推粪球还好，遇到陡坡，圣甲虫这些死脑筋竟然不会绕道，它们根本无视坡有多陡，二话不说就直接上坡。说实话，这并不是一个明智的选择，只要圣甲虫稍微错一步或者遇到一点障碍，粪球就很有可能从高处滚下来，前功尽弃。

我耐心地观察一只圣甲虫上坡。果然，它刚走了不太远，就迈错了脚步，粪球叽里咕噜滚到了沟底，而粪球后面正哼哧哼哧用力的圣甲虫，被粪球撞得仰面朝天，几条腿在空中无奈地乱蹬着。不过，它很快翻转身子，赶紧跑去追粪球，然后把粪球使劲抱住。唉，早知如此，还不如就沿着沟底走呢！虽然路远一点，但用不着这么紧张和狼狈啊。

但是，"吃一堑长一智"的道理在圣甲虫那里说不通。它开始二次登顶，但很快又重蹈覆辙了。就这样，圣甲虫有时要尝试 10 次、20 次……直到勉力成功或者最终无奈认清现实，改从其他路线前进。

圣甲虫独自推粪球的过程先说到这里，我们赶紧进入最精彩的部分：圣甲虫在推粪球的过程中，不时会有"合伙"现象出现。你别以为这是圣甲虫去邀请了朋友来帮忙。这些合伙人完全是主动找上门来的，它们其实是些偷懒的家伙，不愿自己辛辛苦苦地做粪球，于是看到哪只圣甲虫推着粪球，就赶紧过来，表示愿意助一臂之力。奇怪的是，原本不需要帮手的粪球主人竟然也不拒绝，难道它知道拒绝可能会导致更坏的结果，所以不得不委曲求全？

我一开始不愿相信这个猜想，于是给它们设计了一个温情脉脉的理由——会不会是异性间的相互吸引导致了合作？然而解剖的结果让我放弃了这种想法——虽然解剖后发现合伙人中有的的确是异性，但更多的却是同性。

我继续耐心观察，终于看到了一位合伙人的真面目——它果真不是什么热心肠，而是怀着阴险的目的，随时图谋抢走主人的劳动成果。当然，它一开始伪装得很好，看似满腔热情地投入了工作，和主人一前一后，奋力滚动粪球。

不过，粪球主人也不是傻瓜，它始终占据着后面的主导位置，让合伙人在前面，仰着头，用前腿搂住粪球，后腿撑地移动。

因为粪球的体积很大，常常会遮挡视线，再加上两只圣甲虫的步调有时不那么协调，它们偶尔会双双摔倒在地。但是它们并不在意，迅速爬起来，重新各就各位，前后位置绝不会弄错。看到它俩手忙脚乱的合作情形，我忍不住想：粪球主人如果独自推粪球，恐怕会快得多啊！合伙人真是越帮越忙！

没过多久，合伙人开始暴露本性了，它不愿再出力，但也绝不甘心让粪球主人把自己丢下，它采取了非常卑劣的方法——不再帮忙拉粪球，而是把腿收到腹下，赖在粪球上面，一动不动。这下好了，粪球主人不但没了帮手，反而要多推一个合伙人。尽管粪球滚动时会不停地从合伙人身上压过，它照样一声不吭地随着粪球翻滚，一会儿在上面，一会儿在下面，极端赖皮！即使遇到前面说的上坡，它照样无动于衷；甚至当粪球从陡坡上滚落时，它还保持着那个动作。唉，为了坐享其成，这位合伙人真是不择手段啊！

经过一番辛劳，主人终于把粪球和那只赖在粪球上的圣甲虫一起推到了目的地。圣甲虫接下来就要挖洞，然后享受美食了。和前面一样，合伙人这会儿在粪球上舒舒服服地睡起了大觉，而主人不得不把粪球放在一边，独自去挖洞。它一趟趟地跑进跑出，一来为了搬运沙土，二来为了查看情况。它过一会儿就把粪球往洞口位置推一推，以防被那个居心叵测的合伙人偷走。

但是，随着挖洞工程越来越大，主人无法频繁进出了，这给了合伙人可乘之机，它立刻爬下粪球，背部朝外奋力想把粪球推走。它走到几米外的地方时，主人出来了，意识到情况不妙，立刻凭着敏锐的嗅觉一路找过去。诡计多端的偷窃者看到逃不掉了，赶紧换成之前拉粪球的姿势，似乎要告诉主人，我不是偷东西，是粪球要滚下坡，我好心追过来抱住了它！

宽厚的主人也不打算追究，它相信了对方。它们合力把粪球推回挖好的洞里，开始共进美食。

大家也不用为粪球的主人打抱不平，这已经算是幸运的情况了。有时偷窃者的动作太快，主人最后无法找到失物。遇到这种情况，它只能垂头丧气地重新到附近寻找食物。

唉，同一种圣甲虫，截然不同的两种行为，我到底应该怎么给它们家族的品行打分呢？

# 圣甲虫的"粪梨"

我曾经拜托一个年轻的牧羊人，有空时帮我注意田野里圣甲虫的活动。所以6月下旬的一天，他给我送来了一个奇怪的小东西，说是从圣甲虫出来的地方找到的。那是一个小小的褐色梨形物，表面光滑坚硬，就像工匠特意做出来的小玩意儿。

大家都知道圣甲虫喜欢做粪球，可是这个小玩意儿比粪球小得多，形状也完全不同。我对它充满了好奇：这个"小梨"是圣甲虫的偶然所得，还是它们制作的常规作品？"小梨"是用什么材料做成的？里面是不是有虫卵呢……不过我手边现在只有唯一的一个，所以不敢轻易打开它来查看。

我要去看看能否找到更多的"小梨"。

第二天早晨，我和牧羊人一起，趁着阳光还没发威，开始了搜寻工作。我们成功打开了一个圣甲虫的洞穴，在湿热的地道里，发现了一个褐色"小梨"。我的心情无比激动，简直没有任何快乐可以和此时的欣喜相媲美。

有句俗语说得好：偶然的事情不会出现第二次。那么我现在已经有了两个"小梨"，说明它不是特例，而是一种普通的东西。我们继续寻找，一共发现了 12 个"小梨"，而且还在这个过程中发现了确凿的证据，可以证明这些东西确实属于圣甲虫。因为在其中一个洞穴里，一只雌性圣甲虫还没离开，正充满爱怜地抱着"小梨"呢！

在所有我挖开的圣甲虫洞穴中，都没有我们通常看到的圆形粪球，而只有这些梨形物。原来，这些"小梨"不是成年圣甲虫自己的食物，而是妈妈们为自己即将出生的孩子准备的口粮。圣甲虫通常把家安在距离地面 10 厘米左右的地下，在地道尽头，有一个拳头大小的房间，这里就是以后幼虫孵化的地

方，也是在这里，雌性圣甲虫制作出了一个个"小梨"。

下面我要说说这些"小梨"的原材料。它们不是用粗糙的马粪、骡粪做成的，而是在绵羊那比较湿润的肠子里加工后排泄出的细腻的粪便。圣甲虫妈妈只给孩子吃这种专用食材，因为它富含营养，质量上乘，适合幼虫娇嫩的胃，而且绵羊粪黏性十足，也比较容易被加工成梨形。

由此，我联想到了自己饲养圣甲虫的失败经历——我养的圣甲虫从来没有成功繁衍过下一代。现在我明白原因了，因为我都是捡马粪、骡粪来喂圣甲虫。对于成虫来说，吃这类食物没什么问题，但是它们绝对不接受自己的后代也吃这些，所以即使到了产卵季节，它们也坚决不筑巢产卵。如果以后我在人工饲养中，也为圣甲虫提供合适的绵羊粪便，想必它们在繁衍后代方面会有新的表现吧。

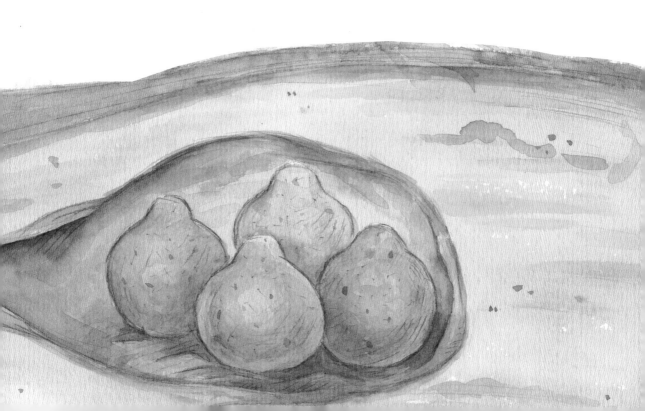

弄清了圣甲虫"粪梨"的情况后，接下来还有一项重要任务，就是搞清楚圣甲虫的卵到底位于粪梨的什么位置。如果请你判断，你会给出什么答案？很多人自然而然地认为：卵当然应该在粪梨的中心喽！这里温度最恒定，四面的食物层都很厚，而且卵能受到最好的保护。

上面的说法似乎很有道理！一开始我也和大家一样，做出了这样的判断，所以我察看第一个粪梨时，用小刀把它一层层切开，满心以为会在中心位置看到圣甲虫的卵，结果发现那里是实心的。

看来，我们的推测并不符合圣甲虫的实际做法，它有一套更合理的行为逻辑——它将卵放在粪梨的颈部。我小心地用刀沿着梨颈将粪梨纵向切开，看到里面是一个四壁光滑的空间，圣甲虫椭圆形的白色卵就在其中，它的头部与梨颈顶端的内壁粘在一起，而其他部位与四壁都不挨着，有一层薄薄的空隙。

圣甲虫妈妈这种特殊的安排，到底是出于什么逻辑呢？为什么粪球要做成梨形，而卵为什么要放在最单薄的梨颈部？我决心弄个明白。

在圣甲虫卵的孵化期间，最大的危险来自食物变干，因为圣甲虫的洞穴离地表并不远，灼热的阳光很容易就能把它的家烤得热烘烘的。而圣甲虫卵的孵化要几个星期，如果幼虫出生后食物变干了，那幼虫根本就没办法下咽，一定会饿死。

圣甲虫妈妈为了避免食物变干，采取了两个应对办法。第一，尽量将粪梨外层的几毫米厚的地方压紧，形成薄而硬的保护壳，这样就能最大限度保持内部食物的湿润柔软。第二个办法就是将食物做成梨形。大家都知道，在其他条件都相同的情况下，要想减少水分的丧失，食物的表面积应该越小越好，而在同样的表面积下，球形的体积最大。粪梨的主体部分接近于球形，这样就做到了食物容量的最大化。

那么，圣甲虫妈妈为什么要把卵放在梨颈的位置呢？无论植物还是动物，它的胚胎在发育中，都离不开空气，空气是生命存在的必需品。如果圣甲虫把卵放在梨形食物的中心，那么外面厚厚的食物层和硬壳，就会阻隔空气的进入，使卵窒息。而梨颈部只有薄薄一层食物，本来空气就很容易渗入，再加上圣甲虫妈妈在加工到梨颈的顶部时，几乎没有挤压拍打，只用几根粗纤维简单封住了口子，这样一来，卵在里面就完全可以自由呼吸了。

所有的食粪虫在产卵时，都会很注意空气和温度这两个条件。为了保证这两个条件符合自身的需要，食粪虫将食物做成各种形状，比如鸟蛋形、顶针形等，其中最具艺术感的，就数圣甲虫的梨形了。无论怎么看，粪梨都是实用性和美观性兼具的杰作。也许圣甲虫并不懂美这件事，也不知道自己有多了不起，但是它让我们这些能够识别美的人类，为它发出了由衷的赞叹。

# 天才修补匠

  阳光是圣甲虫卵孵化的重要条件，如果日照充分，只要五六天，卵就能变成幼虫；如果温度偏低，那就要12天左右才能完成。

  当圣甲虫幼虫孵化出来以后，马上就要开始进食，孵化室四面墙壁都是它可以啃咬的上佳食物。不过，幼虫绝对不会随意下口，它总是朝着粪梨基部的方向咬——这一点非常重要。

  如果它随便乱咬，就很可能把薄薄的梨颈给咬破，自己悲惨地从里面掉出来。对于刚出生的幼虫来说，一旦掉到粪梨外面，就意味着死亡，因为粪梨的外壳坚硬，幼虫根本就咬不动。

  因为有这种潜在的危险，所以幼虫神奇的生存本能告诉它：一定要找准方向后再下口哦！很多更高等的动物，它们的下一代出生后，都需要母亲在一旁小心呵护很久，才能开始独立生活，而圣甲虫幼虫却一出生就能自己照顾好自己，还具备了不起的避祸能力，真是非常厉害啊！

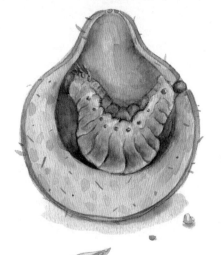

　　胃口很好的幼虫只需要短短几天，就在粪梨里吃出了一个圆洞，它的身体也长得越来越胖，颜色是象牙白的，还带着一点灰色的光泽。因为圆洞的拱顶不大，所以幼虫只能弯曲着身子，犹如被对折了起来。

　　我非常想看看幼虫在粪梨里的情况，所以用刀子在粪梨肚子上，开了一个0.5平方厘米的口子。幼虫敏感地将头伸出洞口探了一下，然后立刻缩回去了。只见它的背在洞里转动着，很快，一团软软的褐色的东西被推了出来，把洞口给封住了，又过了一会儿，褐色的修补材料变得坚硬起来。

　　我一开始以为，圣甲虫幼虫发现破洞后，回到自己的房间里转了几圈，收集了一些黏稠物，用来封堵洞口，但接下来的实验告诉我：我错了。当我第二次将粪梨打开一个洞时，幼虫又在里面转了转，用一个塞子再次堵住了洞口。这次我看得很清楚，幼虫将尾部对准了破洞，而那褐色的修补材料并不是它从房间里弄来的，而是它自己的排泄物。

　　嗨，我之前怎么没想到呢？对于幼虫来说，食物是非常有限而且珍贵的，它怎么舍得用食物来修补破洞呢？再说圣甲虫的幼虫和成虫一样，都是排泄能手。只要它们的肠子里是满满的，随时都可以提供黏性排泄物来完成修补工作。我后来连续五六次弄开了洞口，圣甲虫幼虫都成功修补好了，它们的排泄物简直取之不尽呢！

圣甲虫幼虫除了有充足的修补材料，也有不错的工具，那就是身体的最后一节，那里看起来平平的，像一个抹刀，而且平面周围还有一圈肉，能防止涂抹时体内挤压出来的黏合材料白白流走。当幼虫将破洞处填补、抹平后，它就转身用前额敲打、压紧修补的地方，最后用嘴巴精加工一番。从外面看，我们能看出修补的地方有些凹凸不平，但是如果从里面看，绝对看不出修补的痕迹，即使最专业的粉刷匠，也不可能比圣甲虫幼虫做的好呢！

圣甲虫幼虫的本领可不仅仅是修个小窟窿，它借助自己天然的黏合材料，还能把碎块重新组合起来。我在野外时，常常由于不当心，把粪梨碰碎了。于是我把这些碎块收集起来，一块块拼好，然后把幼虫放在原位，用报纸包着准备带回家。当我到家以后，发现那个碎掉的粪梨居然重新被黏合好了，而且很结实，只不过外表看起来没有原先那么光滑漂亮罢了。

圣甲虫幼虫在这么短的时间里完成了这么大的工程，实在太能干了！

生存的技能大多来源于生存的需要。那么，圣甲虫幼虫为什么天生具有这么出色的本领呢？难道它只喜欢在黑暗中生活，见不得一丝阳光？所以一旦粪梨出现问题，它就要马上修好？我在几乎黑暗的房间里，将粪梨挖了一个缺口，然后立刻把它放回了黑暗的盒子里。仅仅过了几分钟，我再次查看，那个缺口被堵上了。看来幼虫即使在黑暗中，也会毫不懈怠地把屋子封得严严实实。

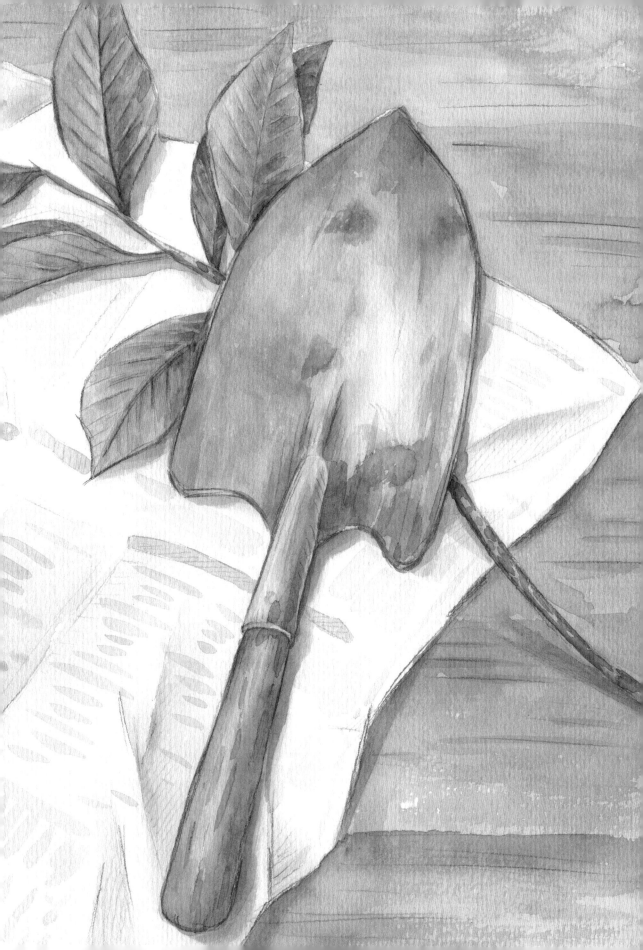

我找来一个圆瓶子，在里面放满食物，然后在食物中间挖了一口小井，把圣甲虫幼虫放了进去。小家伙很适应新环境，大模大样地吃了起来。不过在这期间，发生了一件很有趣的事：幼虫居然慢慢给自己的露天房子加盖了屋顶——它将肠子里排泄出的黏液抹在洞口的边缘，等黏液凝固以后，再在这个基础上继续建下去……小小工匠就这样一层层一点点地进行，终于，屋顶的弧形显现出来，幼虫最终凌空完成了建筑屋顶的工作。我们人类的建筑师建造一座拱顶起码也得有脚手架吧，圣甲虫幼虫却能不借助任何外力，完成得这么漂亮。

　　有几只幼虫还简化了筑顶工程，它们利用玻璃瓶的内壁作为屋顶的一部分。这正好方便我进行观察。几个星期里，我通过透明玻璃，看到幼虫在阳光的照射下，安静地吃着东西，一点也没有把那块透明玻璃遮挡住的意思。可见，幼虫并不在乎光线的照射。

　　其实，幼虫是不愿风吹进自己的屋里。虽然我在粪梨上打开缺口时都是在安静的房间里，空气应该很平静，但是幼虫绝对不允许有一丝潜在的危险存在。在幼虫生长的炎热7月，如果有干燥的风吹进粪梨，里面的食物很快就会变干，这对幼虫来说是致命的。虽然圣甲虫妈妈已经尽可能地为孩子采取了预防措施，但幼虫也要看管好自己的食物，不能有一丝一毫的松懈。所以圣甲虫幼虫必须具备修补屋子的能力，才能确保自己的安全。

# 三叉戟挖地宫

　　粪金龟是野外很常见的一种食粪虫，今天我要说的是其中一种：蒂菲粪金龟。这种金龟有三叉戟般厉害的角，即使在身披盔甲的昆虫里，它也绝对是数一数二厉害的。蒂菲粪金龟的模样长得虽然有些吓人，但性格十分平和。

　　作为粪金龟大家族中的成员，蒂菲粪金龟也对粪便情有独钟。说到这里，是不是有人已经露出了嫌恶的表情，大叫"臭死了"？但是大自然既然允许这类食粪虫存在，我们就不应该嫌弃它们，况且它们从不对人类做什么坏事。

　　蒂菲粪金龟喜欢在露天沙地上徘徊。当羊群走过时，会一路撒下黑色的粪球，于是蒂菲粪金龟立刻欣喜地上前，收集这些对它们来说最上等的"美味"。羊粪是蒂菲粪金龟的首选，除非实在没有羊粪，它们才会找些其他的比如兔子粪勉强度日。蒂菲粪金龟的这个爱好很早以前就被观察家们发现了，所以他们给这些小家伙起了个别名，叫"羊金龟"。我倒情愿说得更直白些——它们是羊粪爱好者。

蒂菲粪金龟之所以会引起我的兴趣，在于它们独特的深藏地底的地宫。不过就像人类结婚后才会更注重家庭建设一样，蒂菲粪金龟成家以前十分随便，地宫要在结婚后才会建造。

我们先来看看它们单身时的住所吧，那是一些不深的小洞，要找到并不难，因为洞口总是有个小土丘，这是由它们挖洞时运出来的土团堆积的。洞的直径约手指粗细，一拃深，里面没有隔间。洞主无论雌雄，都懒懒地呆在洞底，很少出门。它们从不缺少吃的，这从洞里占满全部空间的一根羊粪柱子就能看出来。

这些懒惰的小家伙哪里来的这么多食物？原来，粪金龟聪明着呢，一开始就把家安在了粪堆附近，平日只要稍微出去转一圈，就保证收获多多。粪金龟喜欢晚上出来，在一堆粪球里挑一颗最满意的，把脑袋伸到粪球下，轻轻一推，粪球就滚动起来，没几下，就落进了自家的洞里。

这些粪球不但是上好的美味，到了冬日，还可以当防寒的毛毯。刚才说了，成家前的蒂菲粪金龟洞穴只有一拃深，所以寒气很容易透进去。它们在洞底铺上一层厚厚的粪便，万一天气太冷，就赶紧躲在其中御寒，真是一举两得。

春天来了，我发现一个奇怪的现象：我的观察对象原本雌雄数量相当，可是现在怎么严重比例失调？雌蒂菲粪金龟少了一大半！这是怎么回事？它们死了吗？可我的荒石园里没什么东西会威胁到它们的生命啊！

我大胆猜测，雌蒂菲粪金龟一定躲进了更隐蔽的地方。对于即将做新娘的它们来说，必要的准备还是要做的。我拿着小铲到处挖掘寻找，果然在一般人不可能有耐心挖到的深度，找到了这些雌性隐居者。原来，它们在万物复苏的春天，早早就开始为成家生子打算了——选定一个地方，在那里挖一口井，虽然深度还不达标，但是毕竟开了一个好头。

接下来一些天的黄昏时分，会有求婚者来到雌蒂菲粪金龟的洞口，向正在劳作的姑娘表达爱慕之情。雌蒂菲粪金龟选择自己最中意的那位嫁给它，从此开始一起努力"深挖洞，广积粮"，为宝宝的出生做各种准备。首先，地宫要加深，原本只有雌蒂菲粪金龟独自挖，现在有了帮手，它们将目标设为 1.5 米，这个深度是不是让你难以置信？但事实的确如此。

它们的具体分工是这样的：雌蒂菲粪金龟在最深处负责挖掘，它用坚硬的三叉戟式的脑袋不停地翻土，四肢同时又扒又挖，而雄蒂菲粪金龟在后面，负责把挖出来的土运到外面去。

这项工作单调而辛苦，看看堆在洞口的土丘就能想象工作量的巨大。尤其是雄蒂菲粪金龟这位搬运工，它从那么深的洞里几乎垂直地往上送土，其难度可想而知。我们来看看它是怎么做到的吧。当雌蒂菲粪金龟挖土时，它在后面等着，看到堆积的泥土对挖掘造成妨碍了，就过来一点点把土搂到自己肚皮下面，然后利用后腿的挤压，把土揉成泥团——这还是比较轻松的第一步。

接着，雄蒂菲粪金龟钻到泥团下面，把自己的三叉戟插进泥团，再用带齿且粗壮的前腿抱住泥团防止它散开，用力往上推——太好了，泥团开始移动，虽然很缓慢。泥团到达洞口的门厅时，雄蒂菲粪金龟并没有马上把它推出去，而是返回洞底，用同样的方法再推上来一个。如此集中了好几个泥团以后，它便在门厅处把几个泥团压合成一个，这才推出洞去。这个大泥团挡在洞口，正好形成一道天然的屏障。

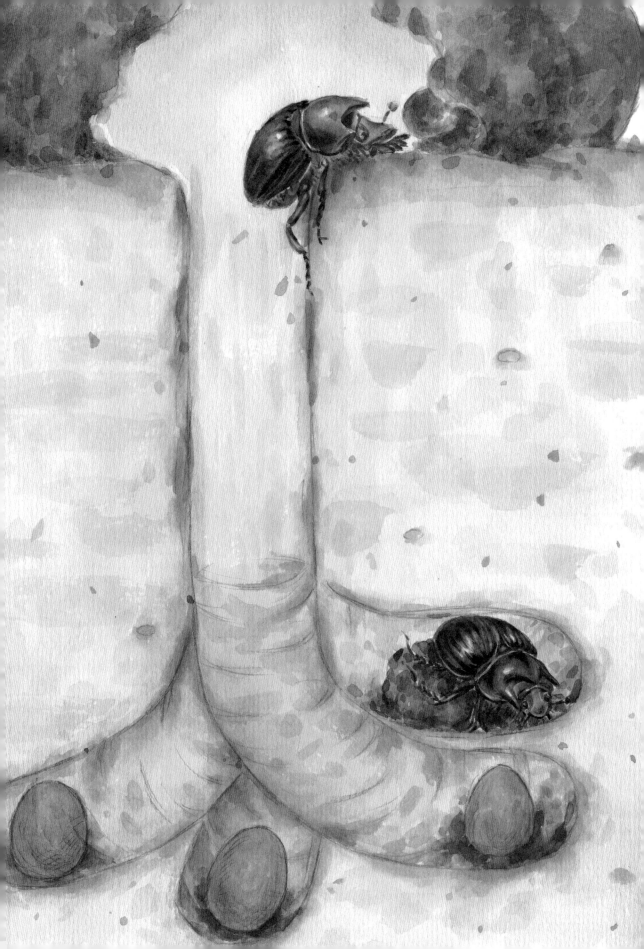

蒂菲粪金龟夫妻挖掘一个地宫，通常要一个多月时间。

令人难以置信的是，在如此大强度、长时间的劳作中，它们竟然还是禁食的。

是的，千真万确！为了证明这一点，我曾亲自做实验，给挖洞的夫妻俩送上了上好的羊粪球，但它们碰都没碰。

我的邻居是位农民，他每天在农田里劳动时，妻子都为他准备四顿饭，因为干农活是非常消耗体力的。你能想象一个人在田间劳动一个月而不吃不喝吗？但蒂菲粪金龟做到了，也许有神奇的自然界能量帮助它们维持着生命的活力。

说完建造地宫的问题，请允许我再用一点笔墨，说说蒂菲粪金龟夫妻的恩爱情分吧。它们一旦结婚，便会互相扶持，终其一生。我曾经找到两对正在挖洞的蒂菲粪金龟夫妻，在它们鞘翅的边缘用针做了记号，然后把它们各自分开，放在一个网罩里。第二天，我发现两位丈夫都找到了自己的妻子。我再次把它们分开，结果还是一样，如此反复几次，最后我得出结论：蒂菲粪金龟的夫妻关系有一定的稳定性。

也许，正是因为有了能同甘共苦的伴侣，蒂菲粪金龟才能合力完成不可思议的浩大工程吧。

# 西班牙粪蜣螂的育儿生活

　　西班牙粪蜣螂身体矮胖，腿脚短小，不但行动起来十分笨拙，而且胆子很小，只要发现有一点异常，就赶紧把腿折在身子下面装死，真是好笑极了。

　　和许多四处奔波的滚粪球工不同，西班牙粪蜣螂喜欢就地取材，过那种随遇而安的生活。当黄昏来临时，它出来活动了，一旦发现满意的粪堆，就在下面挖个洞安了家。它对自己的家没什么特殊要求，只要有一个苹果大小的粗糙洞穴就可以了。反正食物就堆在自己的屋子上面，不用冒远离家门的危险，西班牙粪蜣螂就能方便地把粪块抱回家。

　　西班牙粪蜣螂的胃口很好，它的洞里堆满了形状各异的粪块。只要家里还有吃的，它就不乐意出门。当它把屋子上的粪堆全部消灭后，粪蜣螂就要放弃这里的家了。它在夜幕的掩护下，寻找新的粪堆，接着就在那下面再次挖洞。

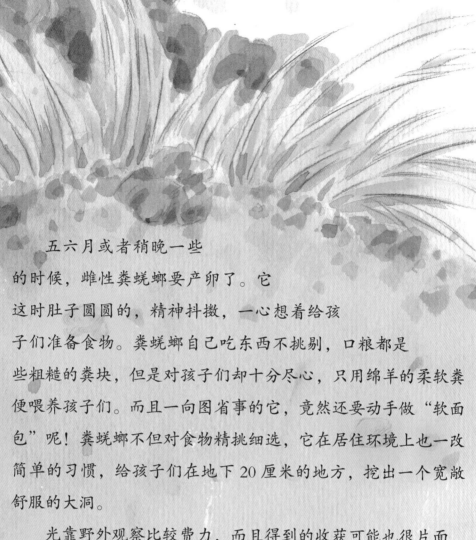

五六月或者稍晚一些的时候，雌性粪蜣螂要产卵了。它这时肚子圆圆的，精神抖擞，一心想着给孩子们准备食物。粪蜣螂自己吃东西不挑剔，口粮都是些粗糙的粪块，但是对孩子们却十分尽心，只用绵羊的柔软粪便喂养孩子们。而且一向图省事的它，竟然还要动手做"软面包"呢！粪蜣螂不但对食物精挑细选，它在居住环境上也一改简单的习惯，给孩子们在地下20厘米的地方，挖出一个宽敞舒服的大洞。

光靠野外观察比较费力，而且得到的收获可能也很片面，所以我在观察粪蜣螂时，加入了一些人工方法：

粪蜣螂出门前，总是先用触角在洞口探查一番，觉得没什么危险了，才从地下爬出来。瞧，我眼前出现了一只粪蜣螂，它应该是出来给孩子们找食物的。之前我已经在它的家门口放了许多好吃的，而且悄悄躲好了，以免吓到这个胆小的家伙。只见这只粪蜣螂慢慢走到食物旁，翻找了一会儿，接着拖起一些，倒退着往回走。这些食物的形状、大小完全不同，有的简直就是一些碎屑。

回家后不久，粪蜣螂又出来了，这次我把粪堆移到了离洞口几厘米远的地方。对它来说，食物就在自己屋子上面才是最满意的，远离洞口意味着危险。它会走过去吗？太好了，它克服了恐惧，走向了食物。在一趟趟的搬运中，粪蜣螂看到了我，但似乎无动于衷，它居然习惯了我的存在！

第二天天亮的时候，我再次来到这里，只见地面上什么都没有了，所有的粪块都被粪蜣螂搬回了家。接下来它要做"面包"了，我先耐心等了一段时间，然后小心挖开粪蜣螂的地洞进行观察。

在这个考究的地下室里，有宽大的大厅，想必粪蜣螂就是在这里举行婚礼的。至于这座建筑是准妈妈单独完成的还是准爸爸也参与了劳动的，我不是很清楚。我猜想准爸爸参与了给孩子准备食物的过程，不过它在储粮结束后就悄悄离开了，留下雌性粪蜣螂单独和孩子们安静地生活在这里。

之前我看到粪蜣螂往家里拖的食物都是碎块，可是现在你瞧，洞里哪还有乱七八糟、大小不一的碎块？没有了！取而代之的是一块巨大的"面包"，把房间都填满了。根据多次观察来看，这种大"面包"没有什么固定形状，我见过火鸡蛋形、洋葱形等等。

虽然形状不同，但"面包"表面都十分光滑——粪蜣螂把拖回来的粪块揉合在一起，搓压成了一整块。

为了让大"面包"质地更均匀，雌性粪蜣螂在这个大粪块上来回走动、拍打。当它发现我时，赶紧滑下去，躲在了粪块下面。呵呵，真是个胆小鬼啊！

我把一些粪蜣螂和它们各自做好的大"面包"搬回了家里，分别饲养在见光和不见光的两种容器里。我发现粪蜣螂非常怕光，在见光的玻璃容器里，即使光线非常柔和，它还是吓得一动不敢动。于是我只好用纸套把玻璃瓶套住，只在想观察时，把纸套稍微提起来一点，这样就不会惊动里面的住户了。而在不见光的花盆容器里，粪蜣螂很快挖好洞，把食物藏在了里面。

在接下来的观察中，我发现粪蜣螂的"面包"都是靠不停地拍打、揉搓完成的，从来不靠滚动。也难怪，在小小的地洞里，没地方让它滚啊！看着雌性粪蜣螂不厌其烦地拍啊打啊，我觉得奇怪，"面包"已经很不错了，为什么还要这么费力呢？原来，雌性粪蜣螂是在等待食物发酵——经过发酵的"面包"的口感和营养都更适合孩子们。粪蜣螂对即将出生的孩子们真是倾注了极大的耐心和爱心啊！

大块粪团加工完成了，接下来粪蜣螂要制作小粪球。它从大粪团上切下一块，不停地按压、转动，大约经过一天时间，一个李子大小的粪球做好了。它爬到粪球顶端，用力按压，在粪球顶部按出一个凹坑，这里就是它产卵的地方。

粪蜣螂在凹坑里产下一个卵，然后用自己那并不算灵活的腿足，小心谨慎地把凹坑边缘往上推拉，一点点聚拢，最终把卵安全地包裹了起来。原先的小粪球在装了卵以后，变成了鸡蛋形。粪蜣螂对这项工作极其用心，要知道之前的所有工作都是为了孩子们，怎么可以马虎呢？

　　将第一个孩子安顿好以后，粪蜣螂依照刚才的步骤，继续制作第二个粪球，接着产卵……现在这几个粪球竖直地靠在一起，尖头朝上，就等着里面的卵孵化了。

　　辛苦了好多天的粪蜣螂妈妈，这时候是不是要离开了呢？它已经干了很久，应该又累又饿了吧。不，粪蜣螂妈妈没有离开，它依然看护着孩子们，万一粪球有什么意外，它就赶紧进行补救。

　　整整一个夏天，粪蜣螂妈妈寸步不离地呆在家里，直到秋天来临，孩子们顺利长大，粪蜣螂妈妈这才结束辛苦的育儿工作，和孩子们一起来到洞外，尽情享受秋天的美好生活。

# 充满爱心的西班牙粪蜣螂

西班牙粪蜣螂一次大约产三四个卵，尽管数量不多，但一点儿也不影响它的家族绵延。为什么呢？这和粪蜣螂妈妈产卵后对孩子们的精心呵护是分不开的。有些昆虫虽然产卵数量很多，但是在简单安排之后，妈妈就自顾自地离开了。未出生的宝宝们只能在大自然中听天由命，所以存活量十分有限。

雌性粪蜣螂平日生活随意，但是到了产卵阶段，却一下子变得完全不同了，它们充满奉献精神——可以几个月不到洞外舒展腿脚，甚至能连续几个月不吃东西。

说完了妈妈，再来看看宝宝。为了更好地了解昆虫，我时常故意给它们添乱，看它们面对突发状况，会做出怎样的反应。瞧，这次我拿了一只粪蜣螂的新生儿，把它放在我的人工小井里，小井四周都是它可以尽情享用的美食。但是，因为小井没有屋顶，新生儿显得很不习惯，它似乎想给自己加盖一个屋顶。

但是，新生儿肠子里还没有足够的黏液来用作建筑材料，它能成功吗？

你千万别瞧不起这个小家伙。它知道自己暂时没法做涂抹匠，于是聪明地改行做起了垒石工——从四周的墙上扒下一块块粪料，然后把粪料摆放在小井的四周，就这样一点点延伸，居然真的把屋顶搭起来了。虽然这座未经水泥加固的屋顶不太结实，只要轻轻一晃就会坍塌，但是已经很了不起了，不是吗？接着，小家伙开始吃东西了，肠子也渐渐鼓胀起来。不久，它就能从尾部向屋顶喷水泥，把原本松散的屋顶黏合得很牢固。

接下去，我对快成熟的幼虫也做了类似的实验——把幼虫居住的粪球捣了一个洞。幼虫马上出现了，它试图用肠子里喷射出的水泥来修补洞口，但是因为这些水泥太稀薄，立刻就流掉了。幼虫一次次尝试，又一次次失败。我不禁替它着急：你就不会像刚出生时那样，扒几块粪料来堵住洞口吗？

这只幼虫才不理会我的焦急呢。它固执地喷啊喷，稀薄的水泥一点点变干后，总算也慢慢地堵住了洞口，但这样要花费半天时间，比用"垒石法"慢多了。

我忍不住想：难道昆虫的特殊技能，只在特定的阶段才会使用？因为新生儿没有黏液，所以大自然便启示它：可以用垒石的方法啊；等幼虫慢慢长大、具备新能力时，大自然便让它忘记了过去的技能。真的是这样吗？我暂时没法回答。

大家都知道，雌性粪蜣螂对自己的粪球极其爱护。粪球稍微出现一点不妥比如裂缝，它就会赶紧修补。那么，雌性粪蜣螂对同类中别人家的孩子也这么疼爱吗？要知道壁蜂、石蜂这些看起来很有能力的昆虫，对待别人家的孩子都十分粗暴呢！

我特地从野外捡了几个粪球回来。这几个粪球外表受损，变得凹凸不平了，而且我把它们带回来时，上面还沾了一层红色的沙粒。我把其中两个粪球的顶端开了个口子，然后放在玻璃瓶里，留给了一只陌生的雌性粪蜣螂。过了大约半小时，我轻轻打开玻璃瓶外的纸套，只见雌性粪蜣螂正趴在一个粪球上忙碌着。它大概工作得太专心了，以至于有光线照进来时，它也没有像平时那样，赶紧躲起来，而是继续干活。雌性粪蜣螂将粪球外面的那层红沙粒刮掉，再把刮下来的碎屑涂抹在粪球的缺口处，没一会儿工夫，粪球恢复了完整。

这只雌性粪蜣螂不仅修补好了那个素不相识的粪球，还在接下来的几天里，细心守护着它，对粪球继续进行加工，比如刮平凸起的地方、磨光表面，将原本肮脏丑陋的粪团，变成了精致的粪球。我又拿了一个破坏程度更大的粪球给粪蜣螂。在这个粪球里，一只幼虫正奋力修补缺口，但效果甚微。雌性粪蜣螂趴在缺口处往粪球里张望了一番，似乎在安慰这个可怜的孩子，然后它开始从外面刮削粪团，将这些半干的材料弄到洞口，配合幼虫喷出的水泥，一起将破洞修补好了。

就这样，我一连给了玻璃瓶里的这只雌性粪蜣螂 10 个外来粪球，它都一一修补好了，而且工作热情丝毫没有减少。估计就算我再给它一些，它也会来者不拒。

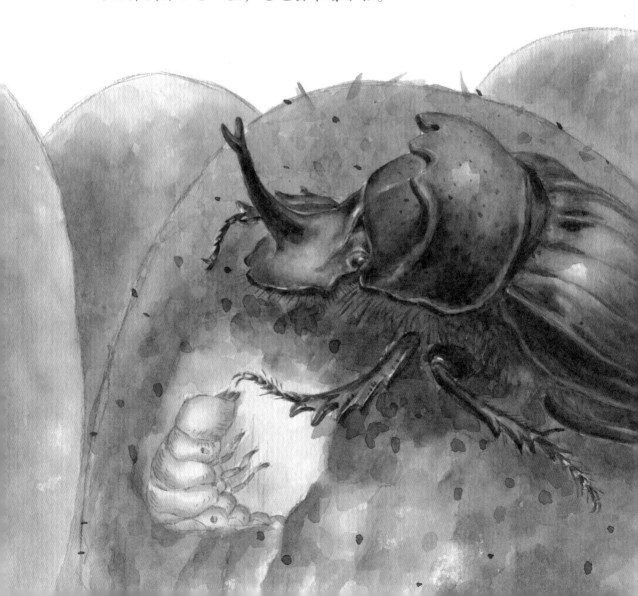

现在，10个外来粪球和2个粪蜣螂自己的粪球一起堆放在玻璃瓶里，大约叠了4层。完成修补工作的雌性粪蜣螂呆在瓶底的沙子上，安静地休息着。这时，我又悄悄在12个粪球的最上面，放了一个新的破了洞的粪球。瓶底的雌性粪蜣螂能发现上面的新情况吗？

我等待了几分钟，然后悄悄打开纸套。太令人惊讶了，雌性粪蜣螂已经爬了上来，开始修补那个破了洞的粪球了。它是怎么感知到的？如果说孩子们发出了呼喊，那么妈妈肯定能听见，但是粪蜣螂幼虫只会在洞里焦急地挥舞手脚，根本没有发出声音啊！可见雌性粪蜣螂是靠某种我们无法理解的方式，获得了上面幼虫的求救信息。

对外来的孩子也能做到全心呵护，尽心尽力，雌性粪蜣螂是多么宽厚仁慈啊！

其实，雌性粪蜣螂之所以能做到这一点，和它的无知有着莫大的关系！它本来只有2个孩子，我给了它另外10个，如果它对数量有哪怕一点点感觉，就会知道那10个不是自己的孩子。但是雌性粪蜣螂在粪球间爬来爬去，却从来搞不清数量问题，它每一次修补，都以为是在帮自己的孩子呢！

无心的善举也是善举。尽管雌性粪蜣螂是在无意识之中，才具备了对别人的孩子视如己出这一美德，但在昆虫世界的众多成员中，雌性粪蜣螂已经很值得称赞了。

# 公牛嗡蜣螂的产卵室

　　虽然探究昆虫世界是一件非常有趣的事，但在这个过程中，常常会遇到许多困难。对这些小家伙的观察有时只能靠机遇，而且最佳观察时间总是转瞬即逝，所以不断地重复、走弯路甚至犯些错误，往往不可避免。

　　公牛嗡蜣螂是一种很常见的昆虫。在其他工作的间隙，我花了点时间，对它们进行了一番观察。没想到就在看似很简单的观察中，我居然两次推断错误，所幸最后还是得到了正确答案。

　　公牛嗡蜣螂长着双角，和同族亲戚蒂菲粪金龟喜欢粪球不同，它们钟爱的是大块的粪饼。粪球太小，实在不起眼，大块的粪饼在它们看来才是最美味的蛋糕。

　　我在家里收集了 12 个玻璃瓶，里面先装上半瓶沙子，然后再放一些羊粪糕，接着就把雌雄数量相当的公牛嗡蜣螂放了进去。

　　显然，住在这样的大宅子里让它们很满意。到了 5 月中下旬，

它们开始结成一对对夫妻。我要趁机弄明白一个问题：公牛嗡蜣螂夫妇，能像蒂菲粪金龟夫妇一样，恩恩爱爱，携手一生吗？结果有些令人失望，婚礼过程中雌性和雄性公牛嗡蜣螂还紧紧抱在一起，表现得十分甜蜜，可是婚礼过后就变得不怎么搭理对方了。休息了一会儿，它们开始独自挖洞，各回各家。

大约一个星期后，

雄性公牛嗡蜣螂从洞里出来了，它拼命往瓶子上面爬，显然想离开自己的妻子。看来这对公牛嗡蜣螂的夫妻关系即将画上句号。

很快，雌性公牛嗡蜣螂也出来了，但它可不是为了找回"负心汉"——雄性公牛嗡蜣螂想去哪儿就去哪儿吧，反正雌性公牛嗡蜣螂马上就会有可爱的宝宝，哪里还顾得上它？雌性公牛嗡蜣螂使劲拱着旁边的粪块，挑选出自认为最好的带回地下——它要赶紧为孩子们筑巢，储备食物。

既然这对夫妻分手了，我也只能作罢，转而去看看它们的家。在食粪虫家族里，公牛嗡

蜣螂属于体形较小的。但在自然界中，往往身材娇小的物种反而拥有更绝妙的本领。公牛嗡蜣螂会不会也是这样？观察下来令人失望，公牛嗡蜣螂无论雌雄，房屋都造得简陋粗糙，实在难以见人！这些房屋基本上都是在原有的地形基础上简单加工而成，公牛嗡蜣螂用头部、背和带齿的耙子似的前足挖洞，将身边松散的泥土推开、夯实，所以房屋显得五花八门，风格杂乱。为了避免房屋坍塌，它们倒没忘记在墙壁上涂一层水泥——羊粪。整个过程很简单，它们到洞外捧起一捧粪饼砂浆，回到地下，在墙壁上来回涂抹几次就算完工了。

在公牛嗡蜣螂房屋的最里面，是最重要的地方：产卵室。为了充分了解其中的情况，我不得不在雌性公牛嗡蜣螂产卵后，打开了被它们用粪和沙封住的产卵室。只见产卵室的房间墙壁上，

有一层发亮的绿色半流质糊状物。这是什么东西？是自然形成的还是公牛嗡蜣螂妈妈留下的？再细看产卵室，我又产生了第二个疑问：对于只有1毫米长的卵来说，这间产卵室实在太大了。为什么要耗费精力造得这么大呢？

首先，我要弄清楚产卵室墙壁上绿色糊状物是如何形成的。我一开始认为那是自然形成的。为了验证，我用一根玻璃管插进一团粪饼，形成了一个洞。这个洞的四壁是不透明的墨绿色，没有那层亮光。我把洞口封住，暗暗想：也许过几天洞壁上就会由于毛细作用，出现和产卵室一样的效果。几天后，我打开了洞口：墙壁依然是不透明状，不但没有那种湿润的亮光，而且已经有些变干了——和公牛嗡蜣螂产卵室里的情形完全不同。

思索良久，我忽然明白了，绿色的糊状物是雌性公牛嗡蜣螂为初生孩子准备的奶糊啊！就像鸽子妈妈哺育小鸽子时要先喂自己吐出的软糯食物一样，雌性公牛嗡蜣螂也在自己肚子里为孩子们准备了易消化且不会变干的奶糊。因为雌性公牛嗡蜣螂还要到别处继续产卵，没法呆在这里等宝宝出生，所以就提前把奶糊涂在了墙壁上。这样当孩子出世以后，虽然妈妈不在身边，孩子也不会挨饿，反正到处都是营养好吃的食物，轻易就能舐食到。

我非常希望能亲眼看到雌性公牛嗡蜣螂把奶糊吐出来并涂到墙上的过程，可惜没能如愿。因为它们是在十分隐蔽狭窄的空间里进行的，一旦我把它们暴露在外，它们就立刻停止了工作。

接下来，我就要研究"小不点住大房子"这个问题了。原来，当公牛嗡蜣螂的卵产下以后，卵竟然会像吹气球似的自己变大，短时间里长度增加 1 倍，体积是原来的 8 倍！难怪公牛嗡蜣螂妈妈要准备那么大一间产卵室。

为什么卵在没有摄入任何食物的情况下，会迅速长大呢？难道是由于它们被浓烈的食物味道包围着，吸收了这些气味所以长大了？当我的这个想法冒出来时，自己也觉得难以置信！如果真是这样，难道我们坐在烤肉店前，只要闻闻那诱人的香味，就能填饱肚子？答案是否定的。而且我看到过蒂菲粪金龟的卵，它们没有被食物气味包围，但也同样会长大，这说明食物气味和卵的成长并没有关系。

动物能够在物质总量没有发生变化的情况下体积变大，应该是由分子结构决定的。生命活动让这些分子结构越来越精细，并在卵壳里渐渐扩张，成为体积较大的生命器官的雏形，为将来形成各个器官打下基础。这是神奇的生命演变！

虽然我对之前两个问题的最初判断都出现了失误，但我并不沮丧，真理就像顽皮的孩子，往往要花费努力才能找到。世界上也许只有一条途径可以永葆正确，那就是什么事也不做，尤其是别动脑筋。

# 锦衣玉食的花金龟

在我住的屋子外面，有一条长长的甬道，甬道两边种满了丁香树。每当春暖花开的 5 月，道路两边的丁香树开出美丽的花朵，伸展的枝条交错着搭成圆拱形，就像一座花团锦簇的小教堂。

每到这一年中最美好的季节，我就时常抽出些时间，开心地来到这里，或悠闲漫步，或驻足于一棵树下，欣赏繁花的同时，也观察一下那些在丁香花上忙碌的小生灵们。

不出我所料，在花香的吸引下，在我的企盼中，它们都来了，来接受春天的慷慨恩赐——停在花朵上，尽情享受香甜的花粉或者喝几口醉人的鲜花佳酿。我看到在同一朵丁香花上，这边是条蜂在嗡嗡地舔着花露，那边却是条蜂的死对头毛足蜂在品尝蜜汁。面对取之不尽的美食，它们没有打起来，倒像老友久别重逢，在开心地相对畅饮呢。

有美丽的鲜花，自然少不了最爱花的蝴蝶。瞧，长着蓝色

新月花纹的金凤蝶飞来了，引得孩子们纷纷前来捕蝶。年纪最小的安娜也想抓一只金凤蝶，可她失败了，幸好她发现了一种她更喜爱的昆虫：花金龟。花金龟浑身金黄，闪烁着耀眼的光芒，模样着实漂亮。它们在凉爽的晨露中，大概感觉太舒服了，所以躺在丁香花里一动不动，完全不知道危险来临了。

安娜没费什么力气就抓到了五六只花金龟。我看她还不肯罢手，便有些不忍心，开口阻止了她。我帮安娜把抓到的花金龟放进一个铺了一层花瓣的盒子里，这样安娜随时可以看到它们，我有兴趣时也方便观察。

晚些时候，天气更暖和了，孩子们就用一根细线系住花金龟的脚，让它们在空中飞来飞去。看着花金龟拼命想挣脱细线而不得的模样，孩子们开

心得哈哈大笑，他们哪里知道，被线拴着的花金龟正经受着怎样的痛苦啊！

看到这里，我忍不住要检讨自己。孩子们年幼无知，拿戏弄昆虫当游戏，而我虽然懂得很多道理，但为了研究昆虫，不也会狠心地拿它们做各种实验，让它们经受痛苦吗？本质上来说，我和孩子们的行为没有什么不同啊！唉，为了更多地了解昆虫，我还是要继续这么做，请可爱的小生灵们原谅我吧。

在春日的鲜花宴上，来宾很多，花金龟真是非常值得说说的客人，它那圆鼓鼓的身体特别显眼。我家房前屋后经常有花金龟出没，不时拜访我家的院子，所以我轻轻松松就能观察到它们的一举一动。

花金龟有着黄铜般耀眼、金子般闪光、青铜般凝重的亮丽色彩，它浑身散发着宝石般的光芒，如同被抛光机打磨过。

花金龟的闪亮外表，给娇艳的花丛增添了几分华丽，可它自己丝毫也没意识到，就那么懒洋洋、静悄悄地躺在花蕊中，陶醉在沁人心脾的花香中，一副醉醺醺的样子。只有当头顶的太阳照得它实在吃不消了，它才不情愿地发出嗡嗡声，振翅离开这个安乐窝。

8月份时，我在网罩里养了15只刚诞生的花金龟，它们属于铜星花金龟这个品种，上半身是青铜色，下半身是紫色。我每天都给它们提供充足的时令蔬果，如梨、西瓜、葡萄等。看着它们狼吞虎咽地进食，是一件非常愉快的事情。花金龟有时会把整个脑袋甚至全部身体都钻进果酱里，贪婪却安静地吃啊吃，连脚尖都不动一下。

就这样，不管是白天还是夜晚，花金龟不停地吃啊吃，我真担心它们会把肚子撑坏。终于，饱食终日的花金龟倒在汁液黏稠的水果下，睡着了。即使在睡梦中，它们的嘴巴还一直舔啊舔的，真是滑稽可笑。

可以这么说，花金龟几乎把所有的时间都花在了用餐上，它们可以连续十多天暴饮暴食而不出现任何问题。我一直在想：这种无节制的进食何时才会结束呢？难道它们不需要趁着大好时光，完成结婚生子的重要任务吗？后来，我终于弄清楚了，花金龟结婚生子并不是在当年完成，它们要等到来年，这种情形在昆虫界比较少见。

还是回到我眼前的这些花金龟身上来吧。它们就这样日复一日畅快地吃着，把产卵的事完全抛到了脑后。然而，随着天气越来越热，花金龟纷纷躲到沙土下面，即使美食当前，它们也无动于衷了。

9月天气渐凉，花金龟从昏睡状态中醒来，再次开始大吃大喝，享用着甜甜的西瓜皮、美味的葡萄

汁……不过和 8 月初相比，现在它们吃得没那么多了，而且持续的时间也大大缩短。接着，冬天的脚步越来越近，花金龟钻进地下，准备在沙土中过冬了。它们都是些不怕冷的小家伙，有时在野外，它们会被冻在雪块里，变得硬邦邦的，可是一旦雪块融化，花金龟就奇迹般地活过来了。

如此顽强的生命力，太令人惊叹了！

转眼到了来年 3 月，网罩里的花金龟开始蠢蠢欲动，如果哪天阳光明媚，它们就从沙土里钻出来，活动活动身子骨。看到这情形，我赶紧找了一些海枣喂给它们。但是到了 4 月底，花金龟不再是贪吃鬼了，甚至表现出厌食的模样，这意味着，它们即将进入产卵期。

想知道我为这些花金龟准备的婴儿摇篮是什么吗？可不是什么美丽的鲜花温床，而是一罐半腐烂的干树叶。大约快到夏至的时候，雌性花金龟钻进了我准备好的罐子，在里面待了一段时间后，钻了出来，产卵完成！

产卵后的花金龟还能活一两个星期，之后就蜷缩着，死在了浅浅的沙土中。花金龟没有遗憾，它知道就在那堆腐烂的树叶里，自己的孩子会顺利出生的。

想想吧，养尊处优、锦衣玉食的花金龟，之前一直睡在锦缎般的花瓣里，周围萦绕着沁人心脾的香气，可到了产卵时，它却毫不嫌弃地钻进了臭气熏天的腐烂树叶中，它为什么要自讨苦吃？因为花金龟很明白：虽然自己喜欢鲜花，但孩子们却恰恰相反，更中意那腐烂的枯叶堆。既然如此，伟大的母爱，或者说是昆虫的本能，促使母亲将自己的好恶摆在一旁，做出了对孩子最有利的选择。无私的母爱，即使在小小的昆虫世界中，也无处不在啊！

# 用背部走路的花金龟幼虫

在讲述土蜂幼虫的进食习惯时，我们提到过，土蜂妈妈很喜欢用花金龟幼虫作为给孩子的食物。就拿我家附近的几种土蜂来说吧，花园土蜂喜欢葡萄蛀犀金龟幼虫，沙地土蜂最爱害鳃金龟幼虫，而双带土蜂则对花金龟幼虫情有独钟。

今天，我们就来认识其中的一种：花金龟幼虫吧。花金龟幼虫的身体圆圆胖胖，背部有些隆起，腹部则比较平坦，看上去就像半个圆柱体。当幼虫遇到危险或刺激时，就会像刺猬似的把身体蜷起来，摆出头尾合抱的姿势，也许这样最便于防御。我曾经想把一只蜷起来的花金龟幼虫拉直，本以为不费吹灰之力，谁知手上却明显感到一股阻力——那是来自花金龟幼虫的抵抗。真没想到一只小小的虫子，居然有这么大的力气！

花金龟幼虫都生活在地下，靠吃腐质土或者树根生活。土蜂要想捕获它们，还是很不容易的。黑暗的环境、不断掉

落的土粒，使土蜂的行动非常不便，再加上花金龟幼虫也不是好欺负的，它强健的大颚厉害着呢！面对土蜂，它照例蜷缩起身体，弓着背，紧紧护住自己的肚子，就好像这里是它最薄弱的命门！

　　不过，既然大自然决定了土蜂要以花金龟幼虫为食，那么土蜂就一定有办法制服这看似不好对付的家伙。在土蜂发起进攻前，我们先岔开一点话题，来说说毛刺砂泥蜂。毛刺砂泥蜂在猎捕黄地老虎幼虫并实施"麻醉"时，必须要用螫针一下又一下，把黄地老虎幼虫的每个神经节都刺一遍，才能让猎物失去行动能力。但土蜂不是这样，它是一招制敌的，只要对着花金龟幼虫的头部后方或者说是最前面几个体节扎一下，立刻就能让猎物肌肉停止运动，身体松松地打开，陷入深度昏迷状态。

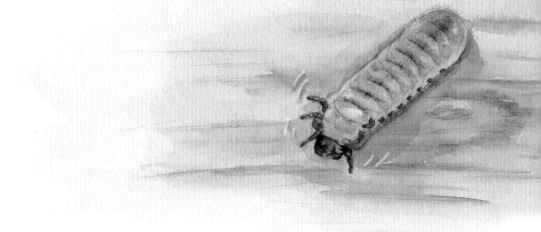

　　土蜂的扎针效果之所以这么好，是因为花金龟幼虫的神经分布和黄地老虎幼虫不一样。我猜测在花金龟幼虫的神经系统中，有一个特殊的结构，所有的神经节都集中在这里，只要控制了这个区域，花金龟幼虫就能乖乖听话了。而这个部位，应该就在土蜂扎针的地方。

　　为了验证自己的猜测，我把一只花金龟幼虫放在汽油里浸泡了两天，让汽油尽可能把幼虫的脂肪分解掉，这样就能更清楚地看清神经系统了。然后，我的解剖开始了——瞧，花金龟幼虫胸、腹部的神经节，连成了一整块，果然就在离头部很近的位置。尽管金龟子家族有许多种类，但它们的神经分布情况大都如此，所以各种土蜂采用的狩猎方法也基本一致。

　　说完了花金龟幼虫特殊的神经分布，再来看看它另一个格外有趣的特点。圆滚滚的花金龟幼虫背上，每个体节都皱成三个大肉坠，肉坠上长着浅黄褐色的硬毛。它的腿和身体比起来，显得又短又细，简直就像是摆设。正因为如此，所以当花金龟幼虫要赶路时，不是如我们想象的那样，抬腿迈步一二一地前进，而是仰躺过来，背部着地，用背上的硬毛支撑着身体往前移动。这时候，那些小小的腿举在半空中，胡乱地挥舞着，看起来实在好笑。

如果有人第一次看见花金龟幼虫这种奇怪的行走方式，一定会以为这只虫子受到了什么惊吓或刺激，正在拼命挣扎，想翻转身体而不得呢！要是那人再好心一点，帮它翻过身来，才会恍然大悟地发现：花金龟幼虫又固执地转过身体，变成了背部着地。

呵呵，真是好心办了坏事啊！下一次如果你看到一只虫子这样走路，那么多半是花金龟幼虫！

别看花金龟幼虫是用背部走路，可它的速度一点都不慢，比好些笨拙地用腿挪动前行的肥胖虫子敏捷多了。在光滑的平面上，这种行走方式有很大的优势——腿容易打滑，而密密的硬毛则大大增加了着力点，所以就稳多了。我曾经做过测试，花金龟幼虫在1分钟的时间里，能够在木桌上走20厘米；在平整的土地上，也能达到这个速度；不过到了玻璃上，速度就只有一半左右。

最后我不得不提的是，在我研究金龟子的神经结构时，有幸拜读了荷兰自然学家斯瓦麦尔达姆的《自然圣经》节选本。作为昆虫解剖学之父的斯瓦麦尔达姆的这部权威作品，当时几乎成了我最有用的参考书，所以在这里向大师表达最深的敬意。

# 所向无敌的金步甲

　　说到金步甲，很多人都知道它们有个美名叫"花园守护者"。据说它们能消灭许多破坏花园的害虫，保证娇艳的花朵不受伤害。不过我可不满足于这个含糊的称号，我很想知道，金步甲到底能捕捉哪些害虫呢，它们真的配得上这个美名吗？

　　为此，我进行了多次实验，金步甲强大的杀伤力让我大为叹服，它们实在是太厉害了！

　　首先，我捉来25只金步甲，养在钟形玻璃罩里。给它们的第一种猎物，是最常见的松毛虫。每到春天，松毛虫总是三五成群地在花园里乱啃乱咬，大搞破坏，实在是让人头疼的家伙。机缘巧合，我发现一大串松毛虫正从树上下来。现在是春天，它们准备到地面上去，找个藏身之地好做茧。我把它们一条条收集起来，放在玻璃罩里。足足有150条！

　　松毛虫似乎没觉出什么异常，它们在罩子里，依然保持着

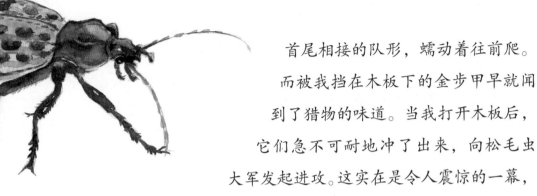

首尾相接的队形，蠕动着往前爬。

而被我挡在木板下的金步甲早就闻到了猎物的味道。当我打开木板后，它们急不可耐地冲了出来，向松毛虫大军发起进攻。这实在是令人震惊的一幕，虽然松毛虫是害虫，但如果不是为了科学研究，我也实在不忍帮助金步甲进行如此大规模的猎杀。只见凶猛的金步甲有的咬住松毛虫背部，有的咬住松毛虫肚子。一条浑身长着乱毛的松毛虫很快被金步甲吃掉了。有个别松毛虫想往地下躲，但刚钻了一半，就被金步甲拖了出来。

时间不长，150条松毛虫就被25只金步甲消灭得干干净净。要知道双方数量悬殊，而且金步甲"追杀"松毛虫并不是一件很轻松的事，它们一方面要将松毛虫制服，一方面还要躲开松毛虫的利爪和齿钩。我以前在研究时，曾经被松毛虫的刺弄得又痒又疼，可见金步甲实在是厉害角色，它们毫不害怕，无论我给它们多少松毛虫，它们都能全部消灭掉。

我想，也许松毛虫太普通了，所以金步甲才能迅速地以少胜多。现在我要为难它们一下——我找来一条毛刺最密的刺毛虫。它身上的纤毛黑红相间，令人望而生畏。果然，以勇猛著称的金步甲似乎胆怯了，它们望而止步，任刺

毛虫在玻璃罩里闲逛了好几天，都没敢行动。这几天里，我坚持不给金步甲提供其他食物。如此一来，金步甲饿得受不了啦！有4只金步甲决定冒险行动。它们4只一起出动，团团围住刺毛虫，紧咬不放。刺毛虫虽然拼命挣扎，但在四面围剿下最终败下阵来，成了金步甲的口中餐。

　　我继续给金步甲提供各种不同的食物。有一次，我给它们弄来一些花金龟。但它们一起呆了两个星期，谁也不睬谁。难道是金步甲对花金龟没兴趣？还是觉得自己没把握取胜？为了验证猜测，我把花金龟的鞘翅和后翅都摘掉，然后再放进玻璃罩里。顿时，花金龟身体"残疾"的信息被金步甲感知到了。它们纷纷赶来，一拥而上，把花金龟吃了个精光。看来，是花金龟的鞘翅护甲让金步甲望而却步了。

　　同样的结果也出现在大个子黑叶甲和大孔雀蛾身上。面对身体健全的黑叶甲和大孔雀蛾，金步甲即使和它们擦肩而过，也故意目不斜视。可是只要我摘掉黑叶甲的鞘翅和大孔雀蛾的翅膀，金步甲就无所顾忌了，很快会发起进攻。

　　那么，身披坚硬外壳的蜗牛是不是金步甲的捕食目标呢？蜗牛虽然看起来长得很柔弱，可对于花园里的植物来说，它们是十足的破坏者。

我把两只蜗牛放在玻璃罩里。为了实验成功，我之前故意饿了金步甲两天。饥饿的金步甲、柔嫩的蜗牛，我想象着它们见面的情形——金步甲一定会勇猛地冲上去吧？但是我错了，虽然金步甲很想弄点东西填肚子，可蜗牛把头缩进了硬壳，面对空空的硬壳开口，金步甲张望试探了一番，却无奈地离开了。

这是为什么呢？原来，蜗牛只要被轻轻咬一下，就会立刻把储存在胸腔里的气体挤压成泡沫吐出来。金步甲十分害怕这些泡沫，只要沾到就会赶紧逃走。看来蜗牛的泡沫是对付金步甲的好武器。

我决定帮金步甲一把，看能不能让它们捕食成功——我把蜗牛一小块硬壳剥掉，再把肺部这里的一块也掀掉。果然，金步甲发现蜗牛有了弱点，它们五六只一起上前，从那露在外面但是没有泡沫

的地方下口，开始共享美味。可惜我在壳上打开的缺口很小，那些站在外围的金步甲挤不进去，只好从同伴嘴里抢食一点。大约用了一个下午，蜗牛被吃光了，只剩下空空的硬壳。

吃完蜗牛肉，金步甲来到水槽边，它们要喝点水，顺便洗洗嘴上的黏液，再清理一下身体（因为碰到了黏液，金步甲的腿上粘了许多沙粒，变得十分沉重），这真是一个心满意足的下午。

我另外还给金步甲准备过许多食物，甚至包括偶尔获得的鼹鼠肉、家里餐桌上的鱼肉，它们似乎不是特别喜欢，但也没有完全拒绝。在捕食活物时，我发现它们唯一的要求就是食物的个头不能太大，否则它们小小的身体难以应付。除此之外，金步甲还有一个小缺点，就是它们不会爬高，只能在地面捕食。即使它们饿着肚子，而一拃高的植株上就有大量美味，它们也只能望而兴叹。这实在很遗憾，如果金步甲能够离开地面向上跳起或者攀爬，那么以它们的战斗力，那些啃食甘蓝的菜青虫等害虫全都别想逃掉。

# 金步甲的奇怪婚俗

　　我曾经在日记中提到过金步甲。这些长着金色鞘翅的小家伙有强大的捕杀能力，菜园和花园里的害虫见了它们，无不胆战心惊。这些害虫要么变成了金步甲的食物，要么勉强逃走，从此只敢偷偷干点坏事。你说，农人们能不喜欢金步甲这些免费的园丁吗？

　　不过这里我要特别向大家说明一下：在昆虫世界里，它们帮人类保护菜园、花园，可不是因为什么助人为乐，它们也没和人类做过沟通："嗨，你们很讨厌菜青虫那些坏家伙是吗？那我来帮你们消灭它们吧！"

　　对昆虫来说，只要能吃饱肚子，它们可不管哪些虫子是益虫，哪些是害虫。这个区分都是从我们人类的角度来定义的，只不过恰巧，金步甲的主要食物都是我们所谓的害虫，所以我们就把它们称作益虫，还心怀感激地为它们起了许多其他美名。

同样道理，蟾蜍也是对人类很有益的动物，但是如果实在没吃的，它们也能忍受着金步甲的怪味道，凑合着把它们当食物。蟾蜍不会管金步甲是益虫还是害虫。大自然里，食物关系是最重要的，昆虫没法像人类一样有道德观念，所以对于发生在它们身上的一切，我们无需太过惊讶，这就是自然规律。

　　为什么我要在前面这么啰嗦呢？今天的主题不是说金步甲的婚俗吗？因为，金步甲的婚俗也许会让你不太舒服，它将打破你心目中关于结婚的定义：恩爱、专一等等。金步甲的雌性和雄性之间，表现得实在太薄情寡义了。不过，别去责怪这些

为了生存而努力的小东西吧。

大家都知道，在我的玻璃罩里，生活着 25 只金步甲，其中 20 只是雄性的，5 只是雌性的。一直以来，它们都相处得很和谐，我丢食物进去，它们就挤挤挨挨地围在一起吃，从没有发生过打斗行为。如果说有矛盾，那顶多就是从同伴嘴里抢几块肉吃，而被抢的小家伙也不会在意。吃饱喝足，金步甲就把半个身子藏在凉快的土里，互不打扰。在野外，金步甲是不可能这么群居在一起的，它们喜欢独居，所以不会为了抢地盘而打架。

有时，我突然掀开木板，想看看它们的反应，只见它们受惊之下四处逃窜，你撞了我，我撞了你，但彼此间同样不计较。如此看来，金步甲的脾气算得上温和。

但是进入 6 月，天气渐渐热了，我发现突然有一只金步甲死了。这是怎么回事？发生了什么意外吗？瞧，它的身体依旧完整，但有些收缩，就像一只贝壳。腹部裂开一个大口子，里面都被掏空了。过了几天，又有一只死了，死状和之前那只一模一样。这下不能用偶然来解释了。接着，神秘死亡事件接二连三地发生，但都发生在夜里，我没机会亲眼目睹。只是我发现一个细节，这些死去的金步甲都是雄性的，我能从它们的体

形看出来，因为雄性金步甲比雌性要略微小一点，腰身也细一点，这和我们人类男性大多比女性高大很不同哦！

照理说，我给金步甲提供的食物是很充分的，它们没理由为了争食而互相残杀。如果说那些金步甲是自己死亡，然后被幸存者分食了，也没道理，我每天都会观察它们，这些雄性金步甲看起来很健康，不可能在一个晚上就突然不行了。

我决定弄清楚原因，凭着我的经验和警觉，我终于在白天，目睹了两起同类事件的发生——

那是 6 月中旬的一天，我看到一只雌性金步甲向一只雄性金步甲发动了攻击。雌性将雄性的鞘翅掀开，牢牢咬住它的腹部尾端，又拉又扯，毫不留情，而可怜的雄性金步甲不知怎么回事，虽然它很健康，这时却既不自卫也不反击，只是凭着本能一个劲儿地往相反方向挣扎，力图逃脱厄运。这场争斗大约持续了 15 分钟，其他金步甲纷纷出来围观，但没有一个上前帮忙或者劝架。幸好，那只雄性金步甲在一番努力之后，总算带伤逃走了。

　　不过，我第二次看到的那只雄性金步甲就没那么走运了，它在雌性金步甲的进攻中惨遭不幸，最后成了进攻者的食物，玻璃罩里只剩下一具被掏空的躯壳。

　　从两只被袭雄性的表现来看，当它们面临生命危险时，从没想过要反击，挣扎当然是有的，那是本能，但它们似乎早就抱定了自我牺牲的态度。这不由让我想起了郎格多克蝎子，在婚礼结束后，雌性蝎子都会将雄性蝎子吃掉，借此补充体力，为产卵做好准备。也许金步甲家族中，同样延续着这种残忍的婚俗习惯？

　　让我们先来看看金步甲的婚配过程吧。它们的婚配和其他很多昆虫相比，真是十分草率。拿雄性蟋蟀来说，它们要卖力地

演奏好久，才能获得雌性蟋蟀的爱情，而金步甲天生缺乏浪漫，它们几乎不需要什么表达感情的方式。到了婚配时节，只要雄性和雌性相遇了，雄性就会主动跑过去抱住雌性，只要雌性把头微微抬起就表示同意，于是它们立刻"闪婚"。

当繁衍下一代的任务完成后，它们就立刻分手，甚至变成捕猎者和猎物的关系。

我知道，金步甲的所作所为是为了将来的产卵。漫漫岁月让它们知道生存不易，为了下一代，雄性愿意付出任何代价。既然如此，那就等待春天来临吧，希望金步甲宝宝顺利出生。

# 会装死的大头黑步甲

　　在昆虫世界中，步甲家族天生拥有好斗的基因，总是显得不那么安分。我很想知道，这些好斗分子除了打架，有没有其他技艺呢？

　　首先，听说步甲很会装死，它们利用这招来迷惑敌人，摆脱危险，就像有个故事里说的：两个好朋友为了生计，来到大森林里，想抓住一只熊，用熊皮来换钱。可是捉熊哪有那么容易啊，当凶猛的熊出现时，两人吓得撒腿就逃。突然，其中一个人摔倒了，眼看熊就在身后，爬起来再跑根本来不及，于是他情急之下，立刻屏住呼吸装死。因为他想起以前听到过一个说法：熊不吃已经死亡的猎物。果然，熊来到这人跟前，围着他闻来闻去，真的以为他死了，于是转身离开。

　　故事讲完了，我就来验证一下，步甲到底会不会装死。

说来也巧，我正好在海滩边找到了一种漂亮的大头黑步甲，再加上朋友给我送来的 12 只，数量足够了。这种大头黑步甲在沿海地区被称为"粗暴的猎人"，浑身漆黑发亮，腰部紧紧收进去，一对异常有力的大颚是捕杀猎物的致命武器。

我把一只大头黑步甲放在桌上，故意用东西去骚扰它。只见它马上摆出防卫的架势，把身体向前弯成弓形，头高高抬起，那对厉害的大颚张开着，随时准备进攻。不过，它别想伤害到我，我对它了如指掌，知道怎么对付它！

看着吧，要让这个张牙舞爪的小家伙安静下来，办法很简单：我把大头黑步甲夹在手指间转动，没一会儿它就一动不动了。还有个更简单的办法，就是让大头黑步甲从不高的地方掉落下来，重复几次，它就躺在那里不动了。这时的大头黑步甲爪子合拢，紧贴在腹部，触角展开交叉成十字形，真像死了似的。如此说来，大头黑步甲应该真的会装死。

大头黑步甲进入装死状态后，会持续多长时间呢？我做了多次实验，一一把时间记录下来进行对比。

这真是一件考验耐心的事情，我拿着表和本子，等啊等，时间长得出人意料。这里我直接把观察结果告诉大家——

在同等条件下，大头黑步甲的装死时间不一样。一般来说，在没有外界因素打扰的情况下，大头黑步甲的静止状态平均约持续 20 分钟，长的能达到 50 分钟甚至超过 1 个小时。有一次，我看着装死的大头黑步甲，忽然发现它正用闪闪发亮的眼睛盯着我呢。我心想：不知小家伙面对我这个庞然大物，会想些什么呢？我待在它身边，会不会让它感受到威胁从而延长装死时间呢？如果我离远一点，它会早一点结束这种状态吧？

于是，我走到房间另一头，不让它看见。只见它还是一动不动，也许昆虫灵敏的嗅觉还能感觉到我的存在吧？我来到房间外，把门窗关紧。但是我在外面等了 20 分钟、40 分钟之后，回去看

这只大头黑步甲，它依然仰面躺着，纹丝不动。

那么，装死的大头黑步甲在什么情况下，会"死而复生"呢？炎热的夏季，时常有苍蝇飞来飞去，当它们发现装死的大头黑步甲时，会落下来，用爪子好奇地触碰大头黑步甲。苍蝇刚一挨到大头黑步甲，它的脚就开始颤动，但它还是不动；如果苍蝇不甘心，继续不停地碰大头黑步甲，大头黑步甲就会忍不住了，赶紧抖动腿脚，转过身来，飞速离开。

也许大头黑步甲很清楚，招惹自己的是无足轻重的苍蝇，对自己毫无威胁，所以没必要再装死，便起身离开了。如果换成爪子和大颚都很有力的天牛，它是不是会继续装下去？我手边正好有一只天牛，不妨来试试吧。我用麦秆把天牛的爪子搁在装死的大头黑步甲身上，大头黑步甲的脚马上开始颤抖起来，天牛继续进犯，大头黑步甲同样起身逃跑了。

接下来的实验中，我用硬物碰撞桌腿，但又不会让桌上的大头黑步甲发生震动。在这种情况下，大头黑步甲的腿脚也会随着碰撞微微颤抖；如果把装死的大头黑步甲拿到阳光下，它二话不说翻身就逃。

看到后面这些情况，不由得引起了我的思考：大头黑步甲装死真的是为了应付敌人带来的危险吗？在它生活的海边，食虫鸟类是它最危险的敌人，但鸟儿可不傻，装死不会让鸟儿放弃嘴边的食物，它们一定会上前探查。只要食物看起来还算新鲜，鸟儿准会伸嘴去啄。这种情况下，装死几乎等于束手就擒，太不明智了！

对于海边霸王大头黑步甲来说，鸟儿其实没什么威胁，因为白天它喜欢蜷缩在黑黑的洞里，谁也看不见它；到了夜间，鸟儿归巢了，黑步甲才出来活动，所以它们很少相逢。再说大头黑步甲浑身味道刺鼻，鸟儿并不喜欢，那么，这些粗暴的小家伙，为什么像个胆小鬼，要学装死这一招呢？

从之前的实验来看，当大头黑步甲在装死过程中遇到苍蝇、天牛、震动以及阳光照射时，它并不会继续装死避害，反而立刻起身逃走，这说明装死并不是为了躲避危险。和大头黑步甲一起生活在海滩边的，还有一种叫"光滑黑步甲"的，它和大头黑步甲比起来，身小体弱，按理说应该更需要装死避祸，但恰恰相反，光滑黑步甲非常不愿装死，仅仅有一次，在我不断的坚持下，它被迫屈服了，但也只坚持了 15 分钟，便立刻爬了起来。

我觉得，大头黑步甲之所以装死，并不是因为它喜欢要诈，它那有气无力的死亡状态不是某种伪装，而是一种暂时的麻木状态。在遇到特殊情况时，娇弱的神经使它陷入了暂时的昏睡，而一点小情况，又能让它迅速恢复常态。

这种特殊行为的目的到底是什么呢？前辈大师们的著作里没有说清楚，而我通过实验也暂时无法推测出来。那么，索性就不再妄加猜测了吧。

# 昆虫入殓师

　　4月里，小路边不时会躺着一只鼹鼠，大概是农民翻地时用铁锹杀死的；而在篱笆下面，也时常出现一只被顽童们弄死的绿色蜥蜴，或者是被大风吹落的羽毛还没长出来的幼鸟……这些东西很少长时间停留在原地，因为很快会有一支保洁队伍赶来，把这些动物尸体清理掉。各种保洁员中，最强壮最出色的，要数负葬甲。它穿着米黄色的外衣，触角上装饰着红色的绒球，鞘翅上有红色的饰带，不但看起来很漂亮，而且浑身还散发出麝香的气味。难道因为它知道自己从事的是入葬的庄严工作，所以才如此盛装打扮？

　　负葬甲自己吃得很少，它埋葬动物尸体的主要目的是给孩子们储备食物。关于负葬甲，在《昆虫学导论》里记录了两则有趣的事例，第一则是这样的：

　　一只负葬甲想掩埋一只死老鼠，但是它发现老鼠所在的地方土质太坚硬了，很难挖掘，于是想找一块离这里不太远、土

质又比较松软的地方。它发现自己无法搬动这只老鼠，于是急急地离去，然后带着4个同伴回来了。在大家的共同努力下，完成了运输和埋葬老鼠的工作。

第二则更加有趣：

一个人想把一只死了的癞蛤蟆风干，于是把它挂在一根棍子上，棍子插在土里。他知道，如果把癞蛤蟆直接放在地上，很可能被负葬甲搬走，所以采取了这个预防措施——难道负葬甲还能爬到棍子上去？的确，负葬甲不会爬高，但它们聪明着呢！它们在插棍子的地上不停地挖掘，结果棍子倒了，负葬甲把棍子和癞蛤蟆一起埋了起来。

为了进行持续的观察，我要准备一个笼子，人工饲养一些负葬甲。但是在橄榄树生长的地方，负葬甲很少，我们这里只有一个种类叫残葬甲。要吸引负葬甲，我得赶紧弄些鼹鼠尸体。这个倒不难，我和邻居的一个园丁说好了，他会给我提供鼹鼠尸体。他对鼹鼠讨厌至极，每天都用铁锹和这些破坏农作物的家伙进行战斗，所以不用多说，他也会尽全力满足我的要求。

我没有对园丁说明要鼹鼠的目的，他或许以为我想用这些小家伙的皮毛缝制一件背心，来缓解讨厌的风湿痛呢！随便他怎么想，总之我在短短几天里就有了三十来只鼹鼠，我把它们放在荒石园的各个角落里。

每天，我都去查看鼹鼠尸体下有什么动静，跟在我身边的，只有我那同样对虫子充满兴趣的儿子小保尔。我们等待的时间不长，鼹鼠的味道被风吹向各处，我的实验对象赶来了，还越来越多，最后达到了 14 只。

负葬甲开始工作了，因为荒石园的土质疏松，所以很适合负葬甲工作。三雄一雌共 4 只负葬甲钻到鼹鼠下面，奋力挖掘，而上面的鼹鼠随着负葬甲的挖掘动作不停地颤动，就像复活了似的。在挖掘过程中，总会有一只雄虫钻上来查看一番，然后下去继续工作。鼹鼠周围的土高了出来，像个软垫，而鼹鼠所在的地方却一点点塌陷下去，然后环形软垫倒下来，盖在了鼹鼠身上。如果负葬甲觉得埋得不够深，还会继续挖掘，让鼹鼠落到更深的地方。

我等了两三天，然后挖开土去查看那只被埋葬的鼹鼠。它不再是原来的模样了，皮毛已经被剥光，看起来就像一块猪肥肉。而在鼹鼠的旁边，只有一雄一雌两只负葬甲，当时帮忙一起干活的另两只雄虫，远远地蹲在地下室的顶上。这种情况我不止一次看见，负葬甲很勤劳，有时是为自己的家庭，有时就是义务帮助同类，在它们眼里，给谁干活都一样，都会十足地卖力。当那对夫妻幸福地为产卵做准备时，热心者悄然离开了。

5 月末，我挖出一只两周前被埋葬的家鼠。这时它已经变成了棕色的糊状，上面聚居了 15 只负葬甲的幼虫，这堆臭臭的东西正符合它们的胃口。而父母因为无事可干，就在旁边安静地陪伴着孩子，它们原本漂亮的外衣现在变得丑陋不堪。这是怎么回事呢？

原来，在 4 月份负葬甲忙着当埋葬工时，它们通体锃亮，闪闪发光，可是 7 月临近时，它们身上寄生了一群讨厌的家伙：

蜱螨。这些寄生虫钻进负葬甲的关节里，把那件原本闪亮的紫晶甲弄得脏乱不堪。在观察中，我发现了一件奇怪的事情：有一些负葬甲从地下出来时，总是断胳膊少腿的，最严重的只剩下一只完整的脚了。谁残害了这些负葬甲？这时，一只负葬甲走过来，又给了眼前的残疾者致命的一击，然后把它吃掉了。

原本互帮互助的同类，怎么现在举起了残杀的屠刀呢？我给它们的食物很充足，所以肯定不是因为饿肚子才使它们对自己的同类大开杀戒的。

后来，我知道了原因。一些气数将尽的负葬甲，不知是不是因为生命即将终结，所以出现了一种病态的极端愤怒状态，开始无端挑衅、残害同类，当然也不在乎自己被伤害。

也许在昆虫世界里，完成了对幼虫的安排、照顾任务后，生活的乐趣也就没有了，这时即便打得你死我活，它们也毫不在乎。唉，面对悲哀的同类相残，我们又能说什么呢？

# 关于负葬甲的小实验

在《昆虫学导论》里，作者提到了两个关于负葬甲的事例。一个是说，当负葬甲发现土地过于坚硬，无法单独完成埋葬任务时，知道去寻找同伴来帮忙；第二个是说，当埋葬物挂在高处时，它知道如何把埋葬物弄到手。

我要亲自验证一下这些说法。我准备了一个钟形网罩，网罩下是沙土，但在沙土中间的那块地方，我铺了一层砖头，并在上面撒了一层薄薄的沙土来迷惑负葬甲。为了与《昆虫学导论》里所说的情况吻合，我还必须找到一只老鼠，鼹鼠可能不行，它太大了，负葬甲拖不动。我向邻居借了一只捕鼠夹，成功逮住了一只老鼠。

我把死老鼠放在网罩下，这下面现在住着10只负葬甲，其中3只雌性，7只雄性。它们有的在地下室，有的在沙土表面，一副懒洋洋的模样。过了一会儿，一雌两雄共3只负葬甲发现了老鼠。它们钻到老鼠的身体下面，用力挖掘，老鼠随之轻轻颤动起来。

这种颤动持续了两个小时，但是土坑的深度一点都没有增加。负葬甲感觉到土质有问题，一只雄虫钻了出来，围着老鼠看了看，然后返回了原地。负葬甲想把老鼠换个地方，但它们能成功吗？平时负葬甲挖土都是背朝上，如果要移动老鼠，它们就得仰面朝天，用6只足紧紧抓住老鼠，靠背部用力，一点点挪动着前进。老鼠再次摇晃起来，真的有点被挪动了，但负葬甲用力的方向各不相同，老鼠刚往砖头边移动了一点，又退回来了，如此反反复复折腾了3个小时，老鼠还在原地。

又一只雄虫钻出来，它在砖头边松软的土质处查看了一会儿，还试着挖了一个浅浅的小坑，然后返回了工作地点。很遗憾，这次负葬甲还是胡乱用力，没有形成统一的行动计划。我换了两只雄虫再次去查看，这次负葬甲经过反复磨合，终于开始向同一个方向用力了。因为目标一致，老鼠很快被移到了没有砖头的地方，负葬甲顺利挖坑，完成了埋葬老鼠的工作。

从这次实验可以看出，雄性在负葬甲家族里扮演着比较重要的角色。它们能力更强，当遇到困难时，总是它们出马去查看原因。雌性对雄性也很信任，它们安心地呆在老鼠下面，等待雄性回来。不过，关于负葬甲会寻找帮手这一说法，我还是不那么相信。首先，看到负葬甲的人是怎么确认后来赶来的负葬甲中就有之前去搬救兵的那只呢？负葬甲长得都差不多，观察者仔细辨认过吗？说不定后来过来帮忙的负葬甲中，根本没有最早的食物发现者，有可能它们只是闻到了老鼠的味道，并不是接到了什么邀请函才赶来的。之前实验中的3只

负葬甲，前后忙活了6个小时，但没有一只想到过要去找帮手，这也应该能够证明，负葬甲从来不懂得找什么外援。

负葬甲在工作过程中，除了会遇到土质坚硬这种问题，还有一些其他麻烦，比如埋藏物被根茎挡住，无法掉进坑里等。在野外，动物尸体被根茎藤蔓牵绊住是常事，负葬甲就要弄断这些碍事的茎蔓。现在，我要亲自检验一下它们的这种能力。

我在三脚架的铁条间，用酒椰带子编了一张网，虽然做工有些粗糙，但是老鼠、鼹鼠等动物尸体肯定漏不下去。我把网放得和地面齐平，再盖一层沙土把网埋起来，上面放了一只鼹鼠的尸体。

负葬甲赶来了，它们一阵努力后，顺利地把鼹鼠埋葬了。我拿起三脚架检查，发现在兜住鼹鼠的网眼处，有几根带子被咬断了。负葬甲也没把洞咬得太大，但正好可以让鼹鼠掉下去。埋葬工，你们做得很好！我相信你们还有更强的能力。

我把困难加大了一点，用一根酒椰带子把鼹鼠捆绑在一根水平横木上，然后把横木两端搭在两把铁叉上，鼹鼠的身体刚好能碰到地面。负葬甲很快消失在鼹鼠下面，它们一点点往下挖坑，但一定觉得很奇怪，鼹鼠为什么没随之落下来呢？负葬甲很长时间里不知该怎么办。

之后，一个埋葬工钻出来，在鼹鼠身上爬来爬去，终于发现了绑住鼹鼠的一根带子。它用力地啃咬，大剪刀发出响声。带子断了，鼹鼠身体的后半部分掉进了坑里。埋葬工赶忙开始掩埋，但是它们拉扯

了很久，发现鼹鼠的头还是落不下来，一只负葬甲又来到了地面，观察到底是怎么回事。它发现了第二根带子，并很快咬断了。剩下的工作不再有障碍，聪明的负葬甲，祝贺你们！

那么，如果把动物尸体放在离地面有些高度的地方，负葬甲会想方设法把它弄到手，还是无奈放弃呢？我在沙土地上插了一丛一拃高的百里香，并把一只死老鼠放在这丛灌木上，还故意把它的尾巴、脚爪和脖子卡在枝杈处，想增加一些获取的难度。两只负葬甲过来了，它们发现了老鼠，并爬到了灌木的最上面。这里实在没有什么可以支撑身体的地方，负葬甲就勉强用背和足不断地推啊摇啊，直到把老鼠晃下来才罢休。然后，负葬甲把老鼠从灌木丛中弄出来，顺利埋掉了。

最后，我还要测试一下《昆虫学导论》中记载的负葬甲能够挖倒木棍，获得上面悬挂的食物这件事的真实性。我把一只鼹鼠的后爪固定在树枝上，将树枝垂直插在土里。这时鼹鼠的身体贴着树枝垂下来，头和肩部挨着地。负葬甲在鼹鼠下面挖掘起来，坑越来越深，鼹鼠身体的重量把树枝压倒了，负葬甲如愿获得了这只鼹鼠。

但是，负葬甲到底是本来就想挖倒树枝，还是本来只想给鼹鼠挖坑，但无心弄倒了树枝呢？要弄清楚这个问题很简单，只要把食物挂起来时不要挨着树枝，看负葬甲会在树枝下挖掘，还是在动物尸体下挖掘就行了。我用多种方式重复进行了这个实验，结果都证明：负葬甲从来没有在树枝下挖掘过。可见，《昆虫学导论》里说到的挖倒木棍，不过是负葬甲的无心之举，并没有什么值得惊叹的！

# 负泥虫的防身衣

多年的昆虫研究中，我始终坚持"眼见为实"的原则，面对各种疑问，除非让我看到确凿的证据，否则我绝不轻易说"是"。在我的荒石园里，每到合适的季节，大量叶甲纷纷出现，为观察和实验提供了大大的便利，所以我决定，要好好观察一下这些小家伙。

首先来看看百合花叶甲，它体态匀称，身体是珊瑚红色，头和脚乌黑发亮，看起来十分漂亮。顾名思义，百合花叶甲喜欢生活在百合花上，它胆子很小，如果你伸手去抓它，它根本不敢逃，就那么呆呆地瘫着，直到吧嗒掉下来。

也许你不相信，模样俊俏的百合花叶甲居然有个很不雅的学名：负泥虫。这是怎么回事？那就让我们到百合花丛中去寻找答案吧。瞧，前些天已经吐露花苞的百合花枝叶上，红色的叶甲还在，它已经把百合花叶子啃得像块破布了，而且上面还有一堆堆的暗绿色污物！

如果你停留一会儿脚步，就会奇怪地发现，这些污物竟然在移动！我忍住恶心的感觉，用麦秸尖把污物拨开，发现里面有一只肚子圆鼓鼓、样子丑陋的淡橘黄色幼虫，它就是百合花叶甲的幼虫。这下我明白为什么百合花叶甲会有"负泥虫"这个难听的名字了。它岂止是"负泥"，简直就是"负垃圾"！

那么，百合花叶甲幼虫这件肮脏的法兰绒外衣是哪里来的呢？说出来大家别皱眉，其实这是幼虫用自己的粪便做的。百合花叶甲幼虫排粪时，不是传统地朝下排，而是朝上排，这些粪便堆积在它的背上，一圈圈从尾部直到脑袋，就像件严严实实的衣服。这件粪衣不断添加新的褶边，多余的部分会由于自身重量而脱落，所以幼虫就不停地添加、修补，使粪衣延伸，反正它肠子里有取之不尽的原料。

百合花叶甲幼虫在花枝上爬来爬去，也一路把粪便撒落在各处，代表着圣洁美丽的百合花就这样变成了粪便集中地。

百合花叶甲一般5月产卵，孵化大约需要12天。当幼虫出生后，只需要一天时间，就能做好自己的粪衣。虽然我们觉得穿着粪衣很不雅，但对于百合花叶甲幼虫来说，这件粪衣却太有用了。首先，它能让幼虫身体避免阳光直射，保持湿润凉爽；另外粪衣还犹如一件铠甲，让那些想对百合花叶甲幼虫下手的敌人避之不及，毕竟谁愿意去碰肮脏的排泄物呢？

为了弄明白粪衣对百合花叶甲幼虫的用处这个问题，我不得不去观察一下百合花叶甲的同类：田野叶甲。在我种植的一片芦笋上，春天一到，田野叶甲就大量出现，它们把暗绿色的卵胡乱地产在叶子上、花苞上，反正到处都是。当田野叶甲的幼虫出生后，它们和百合花叶甲幼虫一样，都暴露在各种可能的威胁之下，但它们却不知道在粪便下藏身的办法，身体就这么裸露着，干干净净。但是，这些光着身体、毫无抵抗力的小家伙们，在光天化日之下，太容易被捕获或欺负了。那些嗡嗡叫的小飞虫围着它们在做什么？玩耍？不像！盘旋了一会儿，只见小飞虫贴近幼虫的身体，在它们娇嫩的皮肤上留下了一个个小白点。

我收集了许多带小白点的田野叶甲幼虫，把它们集中起来喂养。一个月后，大约是6月中旬，这些田野叶甲幼虫开始干瘪，皮肤起皱变色，最后只剩下干干的外壳。接着这层外壳的一头裂开一道缝，小飞虫的后代弥寄蝇幼虫从里面出来了……看到这里，再让我们回头来看百合花叶甲的幼虫，正因为它们有了一层粪衣，所以在幼虫期，才能免遭和田野叶甲幼虫相同的伤害啊！

当然，自然界的各种生物间总是互相制约平衡的。虽然百合花叶甲幼虫在粪衣的保护下，能够安全地度过一段时光，但是在等待身体蜕变时，它同样会面临危险。这时它会脱去粪衣，让身体更轻盈地从植物上下来，在阳光下享受日光浴。百合花叶甲幼虫一直盖在潮湿的被子里，现在终于能在叶子上漫步，享受短暂的快乐时光了。可是，如此漫游太危险了！一只寄生蝇飞过来，

在幼虫身上找到一块干净发亮的皮肤，把卵贴了上去……

在我的荒石园里，还有一种常见的叶甲，叫十二点叶甲。它另有一种方法来保护自己的孩子，那就是把卵产在豌豆大小、尚未成熟的植物果实上。幼虫孵化出来后，立刻奋力开辟出一条通道，钻进果子里，以果肉为食。受到叶甲幼虫侵害的果子很快掉到了地上，幼虫在里面安心吃着果肉，一点点长大。它不会破坏果子的表皮，因为这是它保护自己的屏障。当果肉被吃完后，幼虫只需要在果皮上钻开一个洞，就能顺利来到地面。据我观察，一个果子上常有好几个卵，但最后出来的幼虫却只有一条。那是因为，第一只孵出的幼虫不能容忍异己，会把跟它抢夺食物的同类弄死。

三种模样相似的叶甲幼虫，选择了三种不同的生活方式，这些生活方式是慢慢进化而成的，还是偶然被发现，然后延续下来的呢？拿百合花叶甲幼虫来说，也许一开始它也饱受寄生飞虫的伤害，但偶尔几次，当粪便流到身体上后，它发现寄生飞虫不敢靠近了，于是聪明的幼虫便将这个看似不体面、但相当有效的"粪衣保护法"一代代传了下来？既然如此，它为什么又在离开植物前，脱掉粪衣，光着身子游荡呢？算了，昆虫的不同喜好是不能用人类的喜好去加以评判的，就让我们以怀疑作为结论吧。

# 橡栗上的钻探工

  很多奇妙的机器，当它静止不动时，你很难发现它的奇妙之所在。只有当它启动后，你才会发现它的每一个部件，都精妙地按照要求咬合、运转……巧妙得令人惊叹。

  在我居住的地区，有一种昆虫叫欧洲栎象，它相貌奇特，脑袋前面长着一根细长笔直的器官，颜色是橘红的，看起来有几分滑稽。这个奇怪的钻头般的东西是欧洲栎象的喙。因为橡栗、榛子这些坚硬的果实是欧洲栎象的最爱，所以它给自己配备了这个最适合打洞的钻头！

  10 月上旬，进入了初寒降临的深秋。在这个时节，我居然意外观察到了欧洲栎象干活，真是太难得了。那天北风呼啸，我在绿色的橡树上，突然发现一只欧洲栎象。它的钻头刚巧一半钻进了橡栗里。由于风太大，不断地摇动树枝，实在不便于观察，于是我折下树杈，连带这个小家伙一起放到了地上。我蹲在旁边，借着旁边低矮的树丛躲过嗖嗖的寒风，仔细观察这只欧洲栎象干活。

橡栗圆圆的，并不是一个方便落脚的地方，欧洲栎象能站在上面工作，完全依赖于得天独厚的身体条件——它的脚上穿着带黏性的鞋子，别说橡栗那弯曲的弧形表面，即使是垂直光滑的玻璃，它也能稳稳地站住。

瞧，这只欧洲栎象以插入橡栗的钻头为圆心，缓慢而笨拙地转了半圈，然后停下脚步，再反方向转半圈。它就这样重复了一次又一次，长钻头露出来的部分越来越少，大约一个小时后完全不见了。接着，欧洲栎象把钻头退出来，在枯叶中缩成一团，开始休息。眼看没有继续观察的必要，我决定今天到此为止。

后来，当天气晴好时，我又来到这片橡树林中，准备多捉一些欧洲栎象带回家，以便慢慢观察。说起来，欧洲栎象最喜欢光顾三种橡树：麻栎、白栎和灌栎。麻栎和白栎长得比较挺拔，姿态秀美，而灌栎不怎么起眼，看起来就像一丛荆棘。如果要以果实论，则是白栎的最差，而且很容易掉落；麻栎的果实最受欧洲栎象的喜爱；看起来很普通的灌栎，结出的果实则圆圆胖胖，是欧洲栎象上佳的住宅和丰盛的食品仓库。

我把三种橡树的树枝都带回了家，这些树枝上还挂着果实。

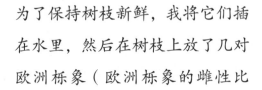

为了保持树枝新鲜，我将它们插在水里，然后在树枝上放了几对欧洲栎象（欧洲栎象的雌性比

雄性体形稍

大），用金属网

罩整个儿罩了起来。

这间屋子阳光充裕，很

适合我安心观察。果然，第

二天欧洲栎象开始干活了。只见

一只雌性欧洲栎象在橡栗上爬来爬去，

仔细检查它是不是饱满的果实。欧洲栎象那双黏性鞋

子让它行走起来十分悠闲。看来这只雌性欧洲栎象准备产卵了。

　　终于，雌性欧洲栎象确认这是一颗表面完美的优质橡栗，

它要钻孔了。因为钻头太长，所以操作起来并不容易，只见雌

性欧洲栎象用后足把自己的身体抬起，变成了倒立状，然后钻

头垂直于橡栗表面，开始往下钻。具体的过程和我在树林里观

察到的一样，还是左半圈、右半圈地重复转圈。

　　让这只雌性欧洲栎象先工作吧，我趁这个工夫讲个小插曲。

在我的观察中，曾发现一些欧洲栎象死在了钻探工地上。它们

长长的喙插在橡栗中，可见已经开始干活了，但是身体却腾空

悬吊着，早就变干了。这是怎么回事呢？原来，这种情况属于

工伤事故。由于欧洲栎象的钻头很长，而工作时又只有后足站

立，所以万一出现后足没站稳的情况，长长的、略带弯曲的弹

性钻头就会把欧洲栎象的身体甩到外面，让它悬在半空。失去

立足之地的欧洲栎象竭力挣扎，最后只能遭遇不幸。

金属罩里的这只雌性欧洲栎象没有犯错误，但它的动作太慢了，我渴望看到的拔钻头、产卵一直不出现。两个小时后，我失去了耐心，于是跟家人商量，请大家帮我轮流值班，监视这个慢性子的家伙。8个小时后，夜幕即将降临，值班的家人终于叫我了——雌性欧洲栎象要拔出钻头了。

可是，我又被欺骗了，这只雌性欧洲栎象拔出钻头后，没有开始产卵，而是放弃了这颗橡栗！

真奇怪。

接下来的日子里，我在家人、助手的帮助下，多次观察到这样的情况：洞钻好了，钻探工却弃之而去。要知道钻洞很不容易，到底发生了什么，会让这些钻探工不惜舍弃劳动成果呢？

如果我们了解欧洲栎象平素把卵安置在橡栗的什么位置，以及幼虫最初的食物是什么，就能理解雌栎象为何会放弃钻好的洞了。原来，欧洲栎象是把卵产在钻好的洞的底部，在橡栗中的子叶那里，有柔软的莫列顿绒呢，是由壳斗提供的，被叶柄的汁液浸润着，是刚出生的幼虫最好的食物。但是，从坚硬的橡栗外壳，看不出里面到底是什么状况。所以，当雌性欧洲栎象钻好洞以后，首先要探查清楚里面的食物是不是鲜嫩，如果是的，那它就产卵；如果里面的食物已经变硬，那么它就只能舍弃这颗橡栗了。

接下来还有个有趣的问题：欧洲栎象钻了那么深的一个洞，它是怎么把卵放进洞底的呢？要知道洞非常细小，四壁还沾满了钻洞时弄出来的橡栗碎屑，如果只把卵产在洞口，根本不可能掉落到洞底啊！

当我百思不得其解时，告诉我谜底的是解剖结果。我打开一只雌性欧洲栎象的身体，看到里面的结构后，我大吃一惊！原来，在雌性欧洲栎象的身体里，还有一根像钻头那样的细管子，它就是产卵的工具。钻头能在橡栗上钻多深，这根产卵的管子就能伸进去多长。当洞打好后，雌性欧洲栎象就把腹部末端对准洞口，将产卵的管子插进去，把卵产在鲜嫩的橡栗里。产卵结束后，管子自动缩回腹部。由于雌性欧洲栎象的腹部堵住了洞口，所以观察者即使待在一旁，也无法看到产卵管在洞里的伸缩状况，所以很难发现其中的奥秘。

正如我开头所说，欧洲栎象的身体像精妙的机器，不但能出色地进行钻探，还能巧妙地产卵，真是太完美了！

# 安全的空中摇篮

象虫家族中有一种象虫名叫青杨绿卷象，它不但有好听的名字，而且在整个象虫家族中，都算得上是既漂亮又能干！不信你看，它背上闪耀着金色的光泽，腹部呈现迷人的靛蓝色，看起来十分高贵。除了出众的外表，它制作树叶卷的好手艺，也着实令人佩服。

5月底，春风轻拂的野外，黑杨当年新发的嫩芽正在宁静的空气中小憩。在那高高的、人们不太能触碰到的树枝上，青杨绿卷象来了。由于它的工作场所位置太高，实在不利于我观察，所以我想把它请回家去，幸好青杨绿卷象性格温和顺从，不会对此有什么不满。

我在一只钟形网罩里铺上新鲜的沙土，把青杨绿卷象放了进去，并且不间断地给它提供新鲜杨树枝。这只象虫一点都没有因为环境改变而慌乱，该干什么就干什么。

下面我们就来仔细看看青杨绿卷象做树叶卷的过程吧。首先是选材，青杨绿卷象不会选择树枝上过于成熟的树叶，因为这样的树叶太硬，不容易卷；它也不会选择刚长出的新叶，这种树叶太嫩，也不够宽大；它要的是绿中带黄，鲜嫩、发亮，即将成熟的叶片。

大家都知道，一般情况下，杨树叶是不会卷起来的，即使你用手把它们卷起来，由于树叶里充满汁液以及树叶组织的张力，一松手它就会恢复平整。正因为如此，卷一张新鲜的树叶对青杨绿卷象来说几乎是不可能完成的任务。

那怎么办？如何弄到失去活力但依然柔软多汁的树叶呢？青杨绿卷象自有聪明的办法。它呆在树叶的叶柄处，用喙不停地钻啊钻，不一会儿，叶柄上出现了一个挺深的小洞——就这样，树汁的导水管大部分被青杨绿卷象切断了，只有少量汁液能流到叶片上。不多时，这片树叶就无力地耷拉下来，渐渐变得有些枯萎，也变得柔软了，这是制作树叶卷的最佳时机。

青杨绿卷象就要正式开始卷了。要知道这可是一张悬在半空中的树叶，而且叶片表面滑溜溜的，青杨绿卷象能顺利进行吗？放心，青杨绿卷象有着秤钩似的爪子，跗节下部还有厚厚的白纤毛，就算在玻璃般光滑的地方，它也能行动自如。

　　杨树叶是不规则的菱形，青杨绿卷象总是从树叶的一个钝角开始，把光滑的正面卷在里面。因为树叶背面叶脉很多，比较有弹性，更适合作为外层。虽然这看似是个不起眼的小举动，但其中却充满了科学的合理性，是不是很了不起？

　　瞧，青杨绿卷象七手八脚地忙碌开了，我通过放大镜仔细观察它的制作过程。只见它把 3 只爪子放在树叶已经卷起来的那部分上面，另外 3 只放在没卷起的那部分上面，6 只爪子一边支撑身体，一边使劲用力，像发动机那样交替运转。卷叶子的进程非常缓慢而艰难，有时候，卷好的树叶卷又再度展开，它就再次努力，直到符合要求。在青杨绿卷象几只巧爪的顽强努力下，树叶终于从一边的钝角完全卷到了另一边的钝角。

　　树叶虽然卷了起来，但是如何保证它不散开呢？青杨绿卷象可不像我们有针线可以缝啊！放心，杨树叶边缘的细齿处有流着微量胶汁的腺体，当青杨绿卷象用力按压树叶边缘时，黏液就从腺体里流出来，将树叶卷最外面一层粘住，很像我们平时粘信封。即使这种黏液的功效并不很强，但随着叶片逐渐失去弹性，变得枯萎，树叶卷的形状也固定下来了，就像一根雪茄似的。

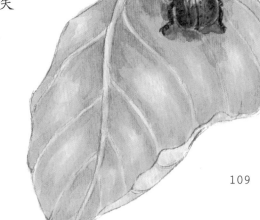

青杨绿卷象制作这样一个树叶卷要花几个小时、甚至一天时间。而且做好一个后，它只稍微休息一下，立刻开始做第二个，连晚上也不休息，看起来辛苦极了！

青杨绿卷象这么没日没夜地制作树叶卷，是为了给自己储备食物吗？简单想一想就觉得不会，树上的叶子怎么吃都行，哪里需要卷起来啊？

让我们打开一个树叶卷，看看到底里面有什么秘密吧。原来，树叶卷的每一层里都有一个或几个卵，椭圆形、淡黄色，就像小小的琥珀珠子。这些卵松松地贴附在树叶上，轻轻碰一下就会落下来。

原来，青杨绿卷象制作树叶卷是为了产卵啊！当它感到自己即将产卵时，便开始工作，一边卷叶子，一边产卵，两项工作齐头并进。青杨绿卷象妈妈的生命只有两三周，难怪它要这么没日没夜地工作呢！

至于那位爸爸，只是站在离树叶卷不远的地方观望着，顶多过来不轻不重地帮几下小忙。算了，在昆虫世界里，爸爸不称职是普遍现象，我们就不责怪这个冷漠的爸爸了。

装着卵的树叶卷垂直挂在树枝上，就像一个安全的空中摇篮。由于导水管没有完全被切断，所以这片树叶虽然有些变软，但依旧比较鲜嫩。青杨绿卷象宝宝出生后，在这个摇篮里不但很安全，而且也有新鲜食物——两全其美，青杨绿卷象妈妈考虑得真周到！

# 蜗居的豌豆象

　　大家都知道，小麦、豌豆以及其他一些农作物，都是我们生活中不能缺少的。因此，每一位农人都会对它们精心照管，希望能获得好收成。不过，虽说这些庄稼是我们人类种下的，但人类却从来不可能独自拥有它们。不信你到田边地头去看看，在成熟或者没成熟的农作物间，总有各种各样的昆虫。它们不请自来，毫无顾忌地在这里大快朵颐，才不管谁每天辛辛苦苦地除草、浇水、施肥……总之抱定了白吃白喝的宗旨。

　　豌豆象，就是这些不劳而获者中的一种。当春暖花开，豌豆结果时，它们便毫不客气地来享用了。为了观察豌豆象，我在自己的荒石园里种了几棵豌豆，准备做一个慷慨的食物提供者。果然，到了5月豌豆开花的季节，豌豆象准时来了。它们是从哪里冒出来的，我不敢确定，最大的可能就是它们来自于附近悬铃木提供的隐居所。夏天时悬铃木的树皮常常脱落，这些微微掀起的树皮，就成了许多昆虫过冬的好地方，我经常在那下面发现豌豆象。春天，温暖的阳光开始照射大地时，也向昏睡中的豌豆象发出了神秘的召唤，似乎在告诉它们：醒醒吧，你们最钟爱的豌豆开花了，马上要结果了！于是，豌豆象纷纷苏醒过来，脚步匆匆地从四面八方赶到豌豆生长的地方。

既然豌豆象来了，那我们就仔细看看它的模样吧。豌豆象穿着灰底褐色斑点的外衣，脑袋小小的，嘴巴也很细小，虽然身材不高，却显得很强壮。它们各自行动，有的在白色蝴蝶似的花瓣下，有的在花的子房里，更多的则在花丝上安下家来。

5月正是天气最好的时节，阳光明亮而温暖，豌豆象开始尽情享受情侣相约、欢乐嬉戏的日子。情侣有时凑在一起，有时略微分开，当中午的阳光太过灼热时，它们就躲到花瓣的褶皱间避暑……豌豆象一边过着悠闲的生活，一边耐心等待着豌豆果实从无到有，一点点饱满起来。

当一些豌豆的花蒂刚刚脱落，就有几只豌豆象急着要产卵了。这个时机真不恰当。豆荚还扁扁的，里面的豆粒刚刚成形，恐怕很难给过早孵化出来的豌豆象幼虫提供充足的食物，除非豌豆象的幼虫孵化出来后，可以先长时间不进食。但根据我的观察，豌豆象幼虫一孵化出来，马上就需要食物，不然就会死亡。豌豆象家族里时常有早产儿，豌豆象母亲的产卵行为也一向很随意，但这并不妨碍它们种族的繁衍，因为豌豆象的数量太庞大了，而且每只豌豆象都能产很多卵，即使大部分卵都无法成活，对种族延续也毫无影响。

几天后的上午10点，天气晴好，我想看看在正常情况下，豌豆象母亲是如何产卵的。在豌豆象所归属的象虫大家族里，有许多象虫都长着长长的喙，适合钻孔，能够为自己的卵宝宝准备个安乐窝。可是豌豆象只有一根短喙，平日里吃吃喝喝还行，要钻孔根本不可能，所以我估计它只能随遇而安。

此时，阳光暖暖地照着，豌豆象母亲步履匆匆，一会儿在豆荚的这一面走走，一会儿在豆荚的那一面走走，其间不时露出一根细细的产卵管。产卵管左右摇摆几下，做出想划开豆荚表皮的动作，然后很快产下一个卵，从此豌豆象母亲就再也不管它了。以后这个卵的命运如何，全凭运气——想想看，它就这么暴露在光天化日下，再加上母亲没有严选产卵地，有的卵挨着饱满的豆荚，有的却贴着一个瘪豆荚，那些身边没有粮食的卵，一出生就闹饥荒，结局只能是个悲剧啊。

其实，就算一个卵正好被产在豆粒边，最后也未必能存活。为什么呢？让我们先数数一个豌豆荚上有多少卵。按照豌豆象幼虫的食量来说，每个卵拥有一颗豆子，便能保证幼虫吃饱并长大，否则就不够。而我们看到，豌豆象母亲在一个豆荚上产卵的数量，远远大于豆粒的颗数，最常见的情况是一颗豆子要同时供养5~8只幼虫，这怎么够呢？

瞧，一只幼虫出生了，它不到 1 毫米长，身体像一根弯弯的白色小带子。幼虫很快划开豆荚表皮，钻了下去，并最终钻透豆荚壳，来到了豆粒旁。我拿起放大镜，看到幼虫先在豆粒上挖了一个垂直的坑道，然后钻进去半个身子，继续用力，不一会儿就整个儿不见了，看来它已藏进了豌豆内部。

那么，当这只先孵化出的幼虫占据了豆粒后，其他幼虫怎么办呢？它们会徘徊在豆荚外面，直到饿死吗？不，在每一颗嫩绿的豌豆上，我都发现了好几个小孔，说明有好几只幼虫都钻进去了，它们分别呆在豆粒的不同位置。一开始，每只幼虫都安静地进食，互不相扰，但食物到最后肯定会不够。

现在，豌豆粒的情形发生了变化。在里面占据中心位置的那只幼虫长得最壮。奇怪的是，当其他幼虫感知到这个现象后，就停止进食，也不再动弹，心甘情愿地死去，把剩余的豆粒全部留给了那只最强壮的幼虫。

我的心里产生了一个疑问：这些舍己为人的豌豆象幼虫是怎么获得"中心被占"这个信息的呢？它们彼此是完全分隔开的啊。对这一点，我只能猜测：也许它们敏锐地感觉到了同伴啃食豆粒的震动，或者是听到了对方用大颚敲打豆粒的声音？不管是不是这样，我都要说，我喜欢这些具有自我牺牲精神的豌豆象，它们太善良了。

# 来自远方的菜豆象

　　菜豆，是一种非常重要的农作物。它种植简单，产量很高，煮熟后只要稍微加一些调料，就又软又糯，鲜美极了。对于普通的农人来说，菜豆是平日里填饱肚子的重要食物。记得在我青少年时，加了一点油和醋的菜豆，就是上佳的美味了。而现在当我上了岁数，它依然在我的盘中大受欢迎——就让我和菜豆做一生的朋友吧！

　　我很想弄清楚一个问题：亲爱的菜豆，它的出生地在哪里呢？是我们这里吗？我根据多年研究昆虫的经验推断，可能不是。生活在我们这个地区的古人，应该并不知道菜豆这种作物。它们肯定是很晚才从其他地方移民来的。为什么这么说呢？

　　虽然我主要研究昆虫，但一直对农业也非常关心，我知道本地的菜豆从来没有受到过任何一种昆虫的威胁。为了更确定，我向邻近的农人求证这个问题，要知道这些辛勤的农人对自己

田里的庄稼非常在意，如果有害虫胆敢来破坏，绝对逃不过他们的眼睛；另外当农妇们做饭时，如果菜豆上有虫子，她们也一定会毫不客气地揪出来。

但是，他们都告诉我，豌豆、蚕豆、扁豆……都有豆象科昆虫入侵，但从来没见过任何虫子对菜豆感兴趣。

这是不是一个令人百思不得其解的问题？要知道菜豆的大小、味道都非常棒，为什么豆象科昆虫们对其他豆类都很喜爱，唯独对菜豆敬而远之呢？我认为，答案只有一个，那就是对于我们本地的豆象科昆虫来说，菜豆是陌生来客，它们还不了解菜豆的好处，出于谨慎的本能，它们没敢把菜豆列进自己的食谱。

一般来说，任何食物都有它相应的食客。如果菜豆是我们这里土生土长的，它就会和豌豆、扁豆等一样，有自己的消费者。现在菜豆之所以很安全，是因为它的消费者没有随之而来。遭遇同样情况的还有玉米和马铃薯，在我们这儿，它们也没有受到侵害，因为以它们为食的昆虫远在美洲，没有过来。

当然，以上都是我的推测，那就让我试图找些证据吧。首先，在古罗马诗人维吉尔的作品中，当描写到农民们的餐桌时，从来没有提到过菜豆；在诗人奥维德的作品中也一样，没有任何关于菜豆的描写。要知道菜豆如今可是当地响当当的一道主菜，而奥维德又一向以描写细腻著称，这是不是就可以解释为：当时这里还没有菜豆呢？

令我没想到的是，证明我猜测的证据很快从天而降了。有一天，村里的一位小学教师朋友送给我一本小册子，里面记录了一段某位大诗人和一个女记者的问答。诗人说，除了诗歌，自己最

自豪的一件事，是找到了"菜豆"这个词的词源。那是诗人在读一本植物史著作时看到的，说是直到 17 世纪，法国人还不了解"菜豆"这个词，而当时的墨西哥语中，已经有了"红菜豆"这个词，并且当地广泛种植着三十多种菜豆……

菜豆的来源问题现在总算搞清楚了。虽然今天在我们的田野中，还没有以菜豆为食的昆虫，但是在它遥远的家乡有啊，说不定某一天，随着商业贸易的来往，就有一些菜豆的消费者被无意中带到这里，从此安家落户……

一位朋友了解了我的工作以后，为我从马雅内送来了一斗被严重糟蹋过的菜豆，这些菜豆被咬得不成样子，无数和豌豆象类似的小家伙在里面窜来窜去。送豆人告诉我，在马雅内，许多庄稼都被这种讨厌的虫子给毁掉了，可怜的收成让主妇们差点揭不开锅。人们希望了解这些罪魁祸首，所以请我来帮忙。

于是，我的实验立刻开始了。这时已是 6 月中旬，正好我的园子里种着一小块比利时黑菜豆，饱满的豆荚快成熟了。我在盘子里放了几只来自马雅内的菜豆象，然后把盘子放在黑菜豆地边。盘子上的菜豆象在阳光的照射下，显得十分活跃，我想它们一定会立刻奔向旁边的黑菜豆。情况并没有如我想象，几分钟时间里，它们一会儿打开鞘翅，一会儿又合上，隔一会儿就忽地飞走一只，并且消失在远方，没有一只停在菜豆上。

那么，到了晚上，或者明天、后天，飞走的菜豆象会不会回来呢？在接下来的7天里，我每天都仔细检查菜豆和豆荚，但是没发现任何菜豆象或者它们的卵。

　　田野里虽然没有收获，不过在我囚禁菜豆象的玻璃瓶里，它们留下了许多卵。我还有两块晚熟的红菜豆地，这些也是为菜豆象准备的。我把一些菜豆象放在红菜豆植株上，然后仔细观察，结果还是很失败。在整个红菜豆的收获季节里，上面没有留下任何菜豆象的踪影。我甚至还拜托住在附近的人们，一起帮我留心他们种的菜豆豆荚，看有没有菜豆象，但徒劳无功，大家连一个卵也没看到。

　　与此同时，我在玻璃瓶中的实验还在进行。我把一些鲜嫩的菜豆豆荚放进瓶子里，但菜豆象母亲并没有像豌豆象那样，把卵产在豆荚上，而是产在了瓶子的内壁上。几天后，卵孵化出来了，它们热情而急切地在瓶子里搜寻，应该是在寻找食物，但是它们没有一只奔向我准备的豆荚，而是一只接一只饿死了。显然，鲜嫩的菜豆不是菜豆象幼虫需要的食物；而菜豆象母亲，也根本

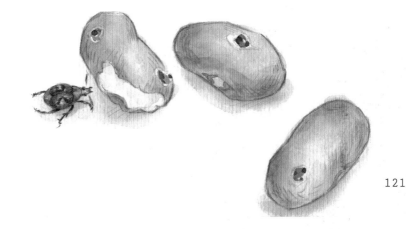

不放心把自己的孩子，安置在尚未自然成熟变干的豆荚上。

直到这时，我才灵光一闪：也许菜豆象幼虫需要的是那种成熟的、坚硬的豆粒吧？我给另外一些刚出生的菜豆象幼虫放了些晒干的豆荚。果然，这些豆荚受到了热烈欢迎，长着红色脑袋和有力大颚的菜豆象幼虫，立刻开始在干豆荚上钻洞。一般来说，大约两天时间里，幼虫就能整个儿钻进豆子里，安下身来。

和豌豆象形单影只的生活不同，一颗菜豆里，时常有二十多只菜豆象幼虫，它们大约需要5个星期，就可以长成成虫；一年之内，菜豆象可以繁衍三四代。

对菜豆象的观察，我陆续进行了近3年。我发现它们喜欢几乎所有的菜豆，甚至连蚕豆、干豌豆、鹰嘴豆、野豌豆等也不放过。如此贪吃的家伙，如果把目标转移到谷物上，那多可怕啊！不过实验结果让我放心了，它们对我放进玻璃瓶的小麦、大麦、稻谷以及玉米都没兴趣，碰都不碰。

不过，只要清楚了菜豆象的生活习性，就算万一什么时候它对农作物造成了威胁，要消灭它们，也不是很困难了吧。

# "小人物"球象

　　我曾经说过，在昆虫界，许多大名鼎鼎的昆虫都徒有虚名，没什么真本事，倒是一些技能不凡的，往往默默无闻。比如，一只浑身闪烁着金属光泽的金步甲能做什么呢？除了在已经被杀死的蜗牛身边傻傻地吃喝一通，什么也做不了。光鲜亮丽的花金龟会什么呢？除了在蔷薇的花蕊里睡觉，别无所长。

　　如果你想看到一些独特的东西，不妨到那些常常被人们遗忘的地方去吧。比如我曾经说过的蒂菲粪金龟，虽然它们的食物奇怪了点，但绝对可以被评为模范夫妻。对于观察者来说，漂亮不凡的外貌固然值得关注，但独特有趣的生活习性更值得花费精力细细留意。

　　今天我们就来看一种比胡椒粒还要小的昆虫：球象。我注意这些身上布满圆点的小家伙已经很长时间了。据我的观察，球象幼虫应该生活在一种叫毛蕊花的蒴果里，以其中的

种子为食。但我在各个季节都试过剥开那些果实，却一无所获，这更激发了我想要弄清楚它们生活状况的好奇心。

在我的荒石园里，恰巧有几株毛蕊花正开着蔷薇形的花朵。于是我到野外，撑开伞放在一丛毛蕊花下，然后用拐杖敲打毛蕊花簇，立刻有许多圆滚滚的小东西掉在了伞里，它们就是球象。顾名思义，球象长得如同小球，足很短，身上是灰底黑点，还有两条宽宽的黑绒饰带。它们的喙较长，比较粗壮，弯向胸前。

我把这些球象移居到荒石园的那几株毛蕊花上，这样就可以随时观察，不用担心羊群来捣乱了。球象很快适应了新环境，饿了就把喙插进花蕾里，吃一顿大餐，或者在毛蕊花的枝桠上啄开一个褐色小眼，品尝一些流出来的糖水。吃饱喝足之余，它们嬉戏打闹，尽情享受阳光明媚的美好春光。

不久，球象开始寻找配偶，我由此开始密切关注它们。7月时，我发现很多绿色蒴果的下面出现了棕色的小点，这应该是球象产卵时留下的。但在多个被喙插过的蒴果里，我依然一无所获，幼虫可能已经离开了，因为大门一直那么敞开着。大多数豆象科的幼虫都是深居简出，害怕移动的，它们整日睡觉，等待长大。难道球象的幼虫是个例外，刚出生就离家了？

终于，我在一些被钻了洞的蒴果里发现了橘黄色的卵，一个蒴果里有五六个！一般来说，昆虫父母在宝宝出生前，都会准备充足的食物供孩子在幼虫阶段安全方便地进食。但球象母亲在半个麦粒大的毛蕊花蒴果里产这么多卵，显得太草草了事了！这么小的蓣果，一只幼虫在里面也不够吃啊！

既然想不明白，那就继续观察吧。橘黄色的卵孵化很快，24 小时内幼虫就出来了。它们果然没在产房里待，很快从没有封闭的小洞中钻出来，四散在蓣果周围，顺便吃点蓣果上的绒毛充饥。接着它们来到枝杈上，将枝杈的皮剥下，然后到附近的叶子那里，继续用餐。

这些球象幼虫非常有趣。它们光溜溜的，没有脚，除了头是黑色的，身体其他部位都呈淡黄色。它们浑身被黏液包裹着，如果用镊子去碰一下，就会立刻粘在镊子上。要找到它们分泌黏液的部位很简单，只要把它们放在一块玻璃上，就会发现黏液是从肛门部位渗出的。当它们找到合适的牧场时，就待在那里不动，把身体弯成弓形，用黏液把自己和植物粘在一起。就算是风吹过时植物剧烈摇摆，它们也能纹丝不动，安然无恙。

幼虫出生的季节正好是炎热的夏季。我们知道，湿润的东西在如此炽烈的阳光下，很快就会被晒干。可是球象幼虫似乎一点都不怕，它们身上的黏液始终保持着湿润，而且厚度适中，恰到好处地保护

着幼虫。这
种本领对于孱弱的
幼虫来说实在太宝贵了，
不然估计没几分钟，它们就被晒
成虫干了。

随着时间一天天过去，幼虫要制造自己用来
蜕变的蛹室了。它们先是来来回回地爬行，黏液不断渗出，
然后把身体缩成小酒桶的形状。半天后，幼虫排出肠道里的
粪便，身体从浑浊的黄色变成了淡黄色。

接着，幼虫的背部微微搏动，大概身体里正在发生剧烈的
变化。它们必须制造出干化剂，把原来的黏液变成干皮。果然，
到第二天，漂亮的卵形小圆泡形成了。它们再用一天时间给圆
泡加个衬里，然后就静等从幼虫蜕变到成虫的时刻了。

昆虫的蜕变有很多相似的地方，这里暂不讨论。我最关心的问题，还是球象母亲为什么对后代如此不负责任。它们任由自己刚出生的孩子四处流浪，是不是太狠心了呢？明明附近就有果实更加硕大的植物，为什么它们要选择毛蕊花小小的蒴果产卵呢？或者一个蒴果里只产一个卵，不也是更好的选择吗？

对于这个问题，有两种看法：一种认为这是球象在退化——很久以前，也许球象选择的的确是那种大大的蒴果，幼虫也过着大门不出二门不迈的生活。但是由于某次偶然的失误，一位母亲选择了毛蕊花那小小的果实，结果幼虫出生后不得不外出流浪。这位母亲一时的愚蠢导致了整个物种的衰退。

另一种看法正好相反，认为球象最初选择的就是毛蕊花，当然母亲知道自己的孩子在那里生活并不合适，所以也试图寻找更好的产卵地点。我就偶尔发现它们在蒴果很大的毒鱼草上喝果汁。也许某一天，它们会突然醒悟，决定在这里安家生子呢！在进化的道路上，也许它们正走在中途。

事情的真相到底如何，我无法回答。也许我们都不必回答，静候大自然的决定，这就是最明智的做法。

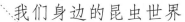

# 听，昆虫的鸣声

金杏宝

**寻觅与欣赏**

　　夏末秋初，晴朗的夜晚。晚饭后，在公园里或自家的居民小区内散步，便可听到各种蟋蟀的鸣声，它们或独奏，或齐奏，或轮奏，此起彼伏，好不热闹。最常见的是三种地栖类蟋蟀：斗蟋、油胡芦和棺头蟋。它们常在地表打洞，或利用现成的墙缝、砖块瓦砾形成的空隙，藏身其中。

　　如果不能同时抓到这三种蟋蟀来作比较，那么它们的形态就不容易被识别，但它们的鸣声各不相同，只要仔细聆听，是可以辨别的。斗蟋的鸣声嘹亮，连续的"瞿、瞿、瞿、瞿"；油胡芦的鸣声则委婉缠绵，"唧——吕吕吕吕"；棺头蟋的鸣声铿锵有力，"甲甲甲甲甲"，常常五至七声为一组。

　　当清脆的蟋蟀声响起，意味着炎热的夏天即将过去，凉爽的秋天马上来临，冬天也不远了，农家妇女该抓紧纺纱织布，缝制棉衣了，古人因此称蟋蟀为"促织"，多么形象啊！

　　除此之外，鸣声优美动听的昆虫还有不少。白天能听到草丛中的金蛉、墨蛉、青蛉、石蛉等的叫声。夜晚，我们能听到鸣声类似斗蟋，但比斗蟋更响亮的树蟋的叫声，它也被叫做竹蛉，通常栖息在较茂密的灌木丛中，如小区的栀子花或杜鹃花丛中；我们还能听到高大的树上云斑金蟋的叫声，鸣声如幽雅的响铃，"庆，庆乐铃"；如果在茂密的树林中，我们也可能听到体形更大的纺织娘的叫声，鸣声嘈杂，如织布机轰鸣，"吱、吱、吱、吱"。

### B 观察与发现

鸣虫美妙的声音不是通过嘴巴或喉头发出的，而是通过左右前翅相互摩擦而发出的，就像小提琴或二胡的弓与弦的相互摩擦发声一样。

我们如果用扣网去野外捕捉，或从花鸟市场购买一只蟋蟀和一只蝈蝈，经过仔细观察和认真倾听，我们会发现蟋蟀和蝈蝈的发声方式有所不同哦，蟋蟀通常是右翅覆盖在左翅上，右翅作弓，左翅做弦，然后摩擦发声。蝈蝈则正好相反。

仔细观察蟋蟀和蝈蝈的前足，可以发现在小腿的基部各有一个圆孔，这些便是它们的听觉器官——耳朵。

### C 实验与探索

城市人行道旁的树上总会有不少昆虫栖居其中，最讨厌的要数浑身布满刺的毛毛虫，俗称痒辣子，多半是黄刺蛾的幼虫。

行人一不小心碰上，这种毛虫的刺便会扎进行人的皮肤，引发毛虫皮炎。人们似乎只能用杀虫剂来对付它们，是否有其他对环境更好的方法来控制刺毛虫呢？

黄刺蛾的末龄幼虫会在树干、树枝上结茧化蛹，茧壳带有褐白相间的条纹，很特别。冬天的野地，寻找几根带有黄刺蛾茧的干树枝，并注意观察树枝上是否带有寄生孔。剪下树枝，放置在花瓶或笔筒内。到来年春天四五月间，注意观察，会有非常漂亮的、带有蓝色金属光泽的上海青蜂出现，这便是黄刺蛾的天敌——上海青蜂。自然状态下，黄刺蛾蛹被上海青蜂寄生的可能性超过 50% 呢。

**参考文献：**

1. 赵梅君，李利珍 . 多彩的昆虫世界 . 上海：上海科学普及出版社，2005 年 .
2. 金杏宝 . 常见鸣虫的选养与观赏 . 上海：上海科技教育出版社，1996 年 .
3. 刘漫萍，白玲 . 都市的天籁 . 上海：上海科技教育出版社，2012 年 .

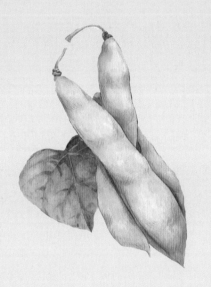